創見文化，智慧的銳眼
www.book4u.com.tw　www.silkbook.com

360度全方位行銷

集客力，
從對的行銷開始

行銷管理專業顧問 **謝正聲** —— 著

理論 × 案例 × 圖解 = **行銷輕鬆學 · 簡單做**

推薦序 PREFACE

　　市面上有關行銷（Marketing）方面的書籍不勝枚舉，動輒七八百頁的大部頭書籍，佔據著各書店相當的架位，在這個凡事講求速度與高度「速食化」的時代，本書是目前最熱門的話題（ex：85℃咖啡、裕隆Luxgen汽車……）深入淺出地將教科書上枯燥乏味的行銷原理原則（4P）透過我們日常生活中食衣住行育樂最常接觸到的各種實例，生動的將各項行銷原理，清楚解釋得讓讀者心領神會，閱讀起來全無障礙。

　　我等忝為台灣ＩＴ界的一員，頭頂高科技的光環，可是看看STARBUCKS、85℃原只是「賣咖啡」的企業，其股價卻令多少科技界大廠汗顏？究其原因，「行銷」的成功到位功不可沒！無論STARBUCKS或85℃，也都是由小到大，在其成長的過程中，也都面臨同業的激烈競爭，其慘烈程度，亦不下於IT界的競爭！如今我們看到的是其取得了消費者的品牌認同，而表現在業績與股價上！主事者在企業成長過程中，善用各項行銷學的功力真可以開課為台灣 IT界「開光點睛」！

　　眾所周知，台灣號稱 IT 代工王國，聘用了全國極高比例的精英，可是其毛利率卻常是保3或保5！而品牌商，如Apple、Hp、Dell、NOKIA……卻是吃香喝辣（ex：Apple 毛利高達36～41％）。近年來，ACER 、HTC、ASUS、D-LINK等台灣品牌逐步在世界舞台上取得耀眼的成效，但是比率實在太低，有待台灣 IT界繼續努力！

　　中國大陸市場夠大，又同文同種，國民所得逐年提高（沿海大城市已

達5000美元以上）台灣產業有機會藉此市場壯大成為全球品牌，賺品牌錢而非辛苦的代工價，相信對提升台灣的國民所得與生活水準有相當的助益！而欲達此目標，IT業的從業人員必須提升行銷方面的實力，加強行銷的知識與專業，才不致長期淪入為人作嫁賺取微薄血汗錢的宿命。

　　這是一本平易近人生活化的行銷書籍，其內容正發生在我們生活周遭，十分生動，切合時事，即便無行銷與商學相關領域的專業，讀起來也十分輕鬆不艱澀，在書中所舉案例的解說與潛移默化中，讀者當能會心一笑……原來這就是Marketing（行銷）！

前精元電腦美國分公司總經理
現任精元電腦中國深圳區副總經理　羅志中

於深圳・中國

自序 P·R·E·F·A·C·E

　　當前已是知識整合與職能多元的時代，不論是在職場就業或自行創業，僅憑單一專業或技術已難以在多變的環境中生存與競爭。

　　在筆者唸大學與企研所的時代，知名行銷學教授菲利浦‧科特勒（Philip Kotler）的行銷學著作是學生必讀的教科書，也是開啟許多商學院學子行銷學知識的啟蒙之作。類似科特勒等西方大師的行銷著作，結構嚴謹完整，論述清晰有據，但是所引述的都是國外企業的例子，而且儘管行銷學已是一門極貼近一般人日常生活的學科，這些教科書的文字對一般非商學人士及社會大眾仍然顯得艱澀難懂，即使是行銷列為必修的商科學生，也有許多人對書中的精要無法完全融會貫通。

　　台灣坊間多年來出版的行銷相關書籍雖然為數眾多，但是除了國內學者編著的大學教科書之外，多數著作僅觸及行銷的部分領域或議題（例如廣告、品牌、推銷），而鮮少對行銷學進行全面完整介紹的著作。

　　近年因全球經濟環境遽變失業率高漲，許多人萌生轉業或創業的念頭，行銷成為許多人極需學習或補強的知識，但是行銷教科書對於不具備行銷基礎知識的大眾過於艱澀沉悶，而坊間多數行銷書籍又過於專業或無法提供全面完整的行銷學知識，有鑑於此，筆者希望能撰寫一本具有完整理論架構但又淺顯易懂的行銷學，幫助有志於從事行銷者迅速了解行銷的理論架構與實務應用。

　　為了讓讀者對行銷能有全面完整的了解，本書仍採取一般行銷學教科

書的架構，各章節的內容則以個人多年在企業界的實務經驗及過去兼職擔任行銷學講師所彙整的教案內容為依據，其中引用許多國內外知名企業與品牌作為案例，尤其國內的案例多數是一般人所耳熟能詳，讀者閱讀時應可更增添熟悉與親切感。此外多數行銷書籍所談的案例均側重於消費品，在本書中則涵蓋了不動產、金融保險、餐飲、休閒娛樂業等案例，讀者對行銷在各行業的運用，可以有更全面的認識。

　　本書詳列各種行銷策略的種類，運用方式與實務案例，不僅可作為行銷學的入門書，也是已從事行銷工作者的工具參考書；希望本書對於行銷知識的推廣與普及能稍盡棉薄之力。

目錄 CONTENTS

C·O·N·T·E·N·T·S

Chapter **3** 訂價策略

C O N T E N T S

C·O·N·T·E·N·T·S

C·O·N·T·E·N·T·S

Chapter **4** 通路策略

C·O·N·T·E·N·T·S

C O N T E N T S

C · O · N · T · E · N · T · S

C·O·N·T·E·N·T·S

C·O·N·T·E·N·T·S

C · O · N · T · E · N · T · S

C O N T E N T S

Chapter 1

行銷策略的基礎

在描述各種行銷策略之前，
這個單元先介紹行銷策略的一些基本觀念。

CRISIS

Holistic
Marketing

Lesson **1**
行銷的意義與
行銷組合要素（4P）

 行銷的意義

　　我們經常在電視、報章雜誌及各種媒體中接觸到「行銷」這個名詞，但是如果要闡述行銷的意義可能多數人無法描述得正確而且完整，甚至有很多沒有上過行銷學的人，會將行銷等同於銷售，事實上兩者之間具有相當大的差異。

　　「行銷」的英文是Marketing，從字面上看它是Market（市場）加上ing（現在進行式），可以解釋為「開拓市場的計畫與行動」，所以過去也有一些教科書將它翻譯成「市場學」。

　　中外學界對行銷有很多的定義，歸納起來，行銷就是……「發掘顧客需求，透過產品發展及產品訂價，以適切的溝通、推廣及銷售管道，滿足客戶需求的一連串過程」。

　　從上面這一段敘述，可以知道行銷包含了以下幾個重點：

1. 發掘客戶需求,並據此規劃與提供最適當的產品或服務以滿足客戶的需求;所以行銷是以「發掘與滿足客戶需求」為起點,各項行銷組合也都是以客戶需求為核心。

2. 制訂消費者有能力也願意支付的產品價格,並兼顧企業的成本,創造最大的營收與利潤。

3. 將產品經由最適當的管道,傳送或銷售給主要的顧客群。

4. 以有效的訊息與目前或潛在的顧客溝通,使顧客對產品產生興趣、偏好,並且以具有誘因的活動或事件,刺激顧客的購買欲,進而採取購買行為,創造最佳的銷售業績及企業利潤。

第1項涉及的是有關目標市場(target market)的界定,產品定位(positioning)及產品策略(product strategy)相關的主題。

第2項則是有關產品訂價的策略(pricing strategy)。

第3項涉及通路選擇,通路管理的議題(channel或place strategy)。

第4項則是有關廣告與促銷策略的選擇與運用(promotion strategy)。

以上各點也就是行銷4P所涵蓋的範圍,關於行銷4P將在後面作完整的介紹與探討。

行銷趨勢的演進V.S.
產業及企業營運趨勢的轉變

行銷趨勢的演進和營運趨勢的變遷,有相當密切的關係。

產業及企業的營運趨勢,可以大致分為幾個不同的階段:

生產導向 → 產品導向 → 銷售導向 → 行銷導向 → 競爭導向 → 創新行銷導向

	產業背景與生態	企業競爭優勢
生產導向	• 賣方市場，常見於獨佔或寡佔的產業 • 廠商的產品差異性很小	企業競爭優勢來自：規模經濟，大量採購，大量生產，營運效率，以及法令政策保護
產品導向	• 競爭廠商眾多 • 著重產品的功能以及設計	多樣化的功能；具特色與差異性的產品；優異的品質與效能
銷售導向	• 產業成熟，競爭廠商眾多 • 各品牌在產品的差異性已屬有限	廣大綿密的銷售通路；強大的銷售團隊與銷售力；強勢的廣告促銷
行銷導向	• 以客戶需求為核心 • 市場區隔更精確與細緻	發掘客戶未滿足的需求；精確的市場區隔；客製化服務
競爭導向	• 產品眾多，但差異不明顯 • 因為市場已飽和，必須掠奪其它業者的客戶搶奪市占率	更低的成本與售價；更綿密廣泛的通路
創新行銷導向（藍海策略）	在既有的產業中競爭已至白熱化且成長與利潤有限，業者間處於零和的競爭環境	以客戶期望的價值為核心，以創新思維開創全新的市場；提供客戶不同於以往的價值

♻ 1. 生產導向

從工業革命之後到1930年代，是典型生產導向的時代，由於生產廠商數量不多，市場上的產品處於供不應求的狀態，例如美國通用及福特汽車公司早期生產的汽車多數是黑色大型車，款式相當有限，因為是賣方主導的市場，消費者別無選擇，因此車廠所生產的汽車幾乎都可以創造極高的銷售業績。

在生產導向的時代，整體產業具有以下的特性：

- 整體產業傾向賣方市場，多數是獨佔或寡佔的產業。
- 各廠商的產品差異性很小，由於需求大於供給，產品幾乎不用擔心銷售不出去的問題，在這樣的產業結構下，企業的競爭優勢來自於幾個方面……規模經濟，大量採購，大量生產，營運效率，以及法令政策保護。

只要能夠掌握這些要素，企業基本上對市場並不需要有太多的關注或行銷的作為，廠商所關切的是如何擴大生產規模，降低生產成本及提高生產效率來擴大經營利潤。代表性的產業有水力、電力、石油、鋼鐵、塑化等產業。

♻ 2. 產品導向

由於新廠商的加入使產品供應逐漸增多，為了與其它競爭者有所差異，廠商比以前著重產品的功能以及設計，產品的種類、造型、款式、功能明顯增多，消費者也有了許多不同的選擇。

廠商為了和競爭者互別苗頭而費盡心思在產品功能的改良及造型款式的設計，使得市場上出現琳瑯滿目各式各樣的產品，但過度產品導向的思維往往使廠商流於閉門造車的盲點，而未必了解消費者真正的需求，以致容易犯了「老王賣瓜，自賣自誇」與所謂的「行銷近視症」。

在市場上，產品導向的例子屢見不鮮，例如：

➡ 過度豪華的旅館：

很多五星級的觀光旅館為了標榜高級感，特別設置了超大的健身房、三溫暖、游泳池、SPA美容按摩室……，並將這些成本反映在昂貴的房價上。房客真正會使用的設施可能僅有其中一兩項但卻額外負擔了其它設施的成本。

➡ 公設虛坪過高的大廈：

過去有許多建案在社區中規劃上千坪的公共設施，例如社區游泳池、影音放映室、社區閱覽室、健身房、桌球室……，以此作為產品的訴求重點，但是過高的公設比除了減少住戶私人專用的室內面積外，也使得每戶必須分攤的管理費大幅升高，而且面積太大的公設如果不委外經營，光是靠住戶自用難以維持其管理成本，如果開放給外界使用又可能降低社區居住品質，萬一社區住戶進住率低，許多設施棄置不用或因缺乏經費維護，反而成為社區的累贅。

➡ 結合太多功能的電腦、手機：

除了少數電腦玩家之外，許多使用電腦的人並不懂也不曾使用過電腦中一大堆複雜的功能，有些手機則除了傳統的通訊功能外，又具有錄影、照相、收音機、MP3、錄音筆、隨身碟、電子字典、遊樂器等十幾種功能。對某些人而言，能夠將所有功能「all-in-one」集於一身也許不錯，但是對許多消費者而言，真正常用的可能就只有四、五種功能，太多的功能反而增加了操作的複雜度也影響產品本身運作的效率。（例如：微軟推出Vista作業系統，號稱可大幅提升影音繪圖等功能，但是為了讓Vista順利運作卻須耗用許多電腦的資源，也導致運作速度減緩，加上並不支援許多應用程式，因此上市後批評聲浪不斷，消費者寧可使用以往的XP作業系統而捨棄Vista。）

上述所舉例子，都是企業在產品導向一廂情願的想法下所產生的產

品，雖然功能琳瑯滿目卻可能並不符合消費者真正的需求。

3. 銷售導向

　　很多已經邁入成熟期的產業，因為競爭廠商數量眾多，各家的產品設計與功能並沒有非常顯著的差異，因此企業認為必須透過大量密集的廣告促銷及銷售行為，才能喚起消費者注意並創造銷售佳績。

　　在日常的商業行為中處處可見銷售導向的例子，例如：

- 各家保險公司所推出的產品不管是分紅保單、還本型保單、投資型保單、醫療保單，……在保單內容上所能創造的差異性已逐漸縮小，即使有部分區別，消費者也搞不清楚各家產品的差異，因此透過保險業務人員對客戶的面對面銷售就成了各家保險業者爭奪勝負的關鍵，因此保險業者長期持續性的增員，透過龐大的人海戰術所建立的人脈網絡銷售各種保單。

- 企業不惜砸重金請當紅明星或名模拍廣告，出席商品發表會，擔任商品代言人；在這些廣告主的心目中認為透過名人的加持可以增添產品的光環，進而締造銷售業績的長紅。

- 房地產業推案通常會集中在一年中幾個重要的檔期，如329，928……，因此在同一時期可能有數百億或上千億的預售案量在市場上推出；為了避免自己的產品資訊在市場中淹沒，許多建商與代銷業者拼命砸廣告，冀望藉此吸引購屋者目光，提高現場來客數與成交量。

- 有些廠商喜歡採用強迫曝光的方式將自家商品展示在消費者眼前，他們認為在「大數法則」下只要曝光次數夠多，接觸的潛在消費者越多，成交的數量及銷售的金額也越高，因此像大量的電話行銷，持續郵寄DM及派發廣告信函，或包下電視台特定時段日夜不停疲勞轟炸的電視廣告……等等，都是銷售導向思維下的產物。

銷售導向基本上關心的是廠商本身產品的銷售量及成長率,而較忽略消費者的感受及真正的需求,因此有時候會產生讓客戶反感或厭惡的反效果。

♻ 4.行銷導向

前述的生產導向,產品導向或是銷售導向,都是以廠商為本位所主導的營運模式,消費者的真正需求並未受到足夠的關心與滿足。

行銷導向的觀念在美國行銷學大師菲利普‧科特勒(Philip Kotler)等學者大力倡導下,對全球企業界產生廣泛深遠的影響。在行銷導向的時代,企業不再只是將重心放在本身的產品及銷售的手法,而是更貼近市場,充份掌握消費者的需求,此時行銷人員的主要任務便是透過深入的市場研究了解消費者需求,據以規劃最適當的產品及售價,並且經由適當的途徑及語言與消費者溝通,進而促進銷售的完成。

♻ 5.競爭導向

當大多數廠商都已採取行銷導向的觀念,企業為了超越同業,必須更深入了解競爭對手,以創造其競爭優勢或有別於競爭者的產品特色。因此如何提升企業的競爭力是此階段思維的重點。

全球知名的哈佛大學教授麥克‧波特(Michael Porter)在他的經典著作「競爭策略」一書中,提到企業有三種類型的競爭策略:

❶ 成本領導(cost leadership):

企業如果擁有比同業龐大的經濟規模,在採購、生產、配銷、廣告各方面,能夠有比競爭者更低的成本優勢,就能以低價大舉掠奪市場占有率。

例如台塑、鴻海都是以低成本高效率聞名,鴻海以軍事化紀律嚴明的管理方式訓練員工提高生產效率、降低成本,以低價搶得原廠委託代工的

訂單後反過來強勢要求上游原材料、零組件廠商降價供應,因此在代工市場上所向披靡,躍居龍頭霸主地位。

❷ 差異化(differentiation):

企業也可以採行差異化的策略,例如特殊的產品功能,特殊的設計或特殊的配方,或選擇不同的通路,使自己和競爭者產生明顯的差異。

例如戴爾電腦透過直銷的模式銷售電腦,並且以接單後生產及全球同步組裝的方式,縮短製造時程並大幅度地降低庫存,而在電腦產業奠定堅強的地位。

餐飲與食品業也常以差異化創造競爭優勢,例如於永康街起家的鼎泰豐以極高的標準訓練廚師,他們所用的麵皮都要經過反覆的揉擀,擀成麵皮的小麵團重量與尺寸都須符合標準,在製作過程中包餡非常講究技巧,摺的摺子不能太少也不能太多,小籠包發酵與蒸製的時間都必須嚴格控管才能維持應有的品質。在這種極嚴格的控管下,做出來的小籠包皮薄而具彈性,餡多且富含湯汁,不僅遠近馳名而且歷久不衰,目前已在日本、大陸、香港開設多家分店,永康街老店至今仍每天大排長龍,堪稱台灣餐飲業的傳奇。

❸ 集中化(focus):

集中化的策略或稱為專精策略,是指「專注於特定的客戶群,特定的產品線或特定的區域」。例如專門針對高所得、高資產客戶設計的豪宅、汽車、服飾或金融保險商品。

由於採行專精的策略,企業可以針對特定顧客提供更專業及更具深度的產品與服務,因此而擁有競爭的優勢。

除上述策略外,波特還提出了「競爭五力分析」,他的立論對當代企業在制訂競爭策略時提供了極具價值的參考架構。

6.創新行銷導向：（藍海策略）

歐洲商業管理學院的知名學者Chain Kim及Renee Mauborgne（莫伯尼）合著的「藍海策略」一書中，提出了創新行銷的觀念。

在「藍海策略」這本書裡提到，當產業高度競爭，各廠商競相拚價格比功能時，整體產業已經走向微利化，只剩下非你死即我亡的零和遊戲（作者稱之為遍地血腥的「紅海策略」）。

Chain Kim及Renee Mauborgne所謂的「藍海策略」是超越既有的競爭範疇，不在既有的產業標準下競爭，另行創立全新的市場與產品觀念，形成「無競爭」的優勢。

例如，享譽全球的太陽馬戲團，摒棄傳統馬戲團以動物、小丑為主的路線，結合戲劇、體操、特技、音樂等元素，創造瑰麗絢爛的舞台效果，使來賓盡情享受視覺與聲光的饗宴，將觀眾群由傳統馬戲團的小孩擴大至各種年齡層，在全球各地造成轟動，歷久不衰。

大陸的連鎖平價旅館「如家」，捨棄五星級觀光旅館的大型游泳池、三溫暖、健身房等過度豪華大而不當的公共設施，而著重於提供房客更寬敞簡潔與便利的住宿空間，讓房客以遠較觀光飯店便宜的價格擁有舒適溫馨的居住環境，極受觀光客與商務客的青睞與好評，在大陸已成為極具規模與品牌口碑的連鎖旅館體系。

 # 行銷與銷售的差異

前文提到，很多人將行銷與銷售混為一談，那麼究竟行銷與銷售有什麼樣的差異？

行銷	銷售
著重規劃、決策層次，也涵蓋執行面	屬執行層次，在既定的策略目標與產品組合下，盡力達到業績極大化
屬於戰略的層次，著重整體，全面與長期的決策	屬戰術的層次，是執行戰略的短期細部計畫與方案
行銷人員著重企劃力（例如：收集資訊，分析整合及創意發想……）	銷售人員著重銷售力（例如：與客戶的溝通能力，毅力與抗壓力。）

1. 行銷（marketing）包含了一切為滿足客戶需求所進行的各項活動，銷售（selling）只是行銷中的一環，也可以說行銷包含了銷售，但不等同於銷售。

2. 「行銷」的重點在行銷組合的規劃與策略的制訂；「銷售」則是在既定的行銷組合策略下創造最佳的銷售業績。（舉例來說如果你要開一家服飾店，要賣何種風格款式？針對男性或是女性？主要客戶的年齡層？商品的來源等等，都是屬於行銷層次，需要先思考與決定的問題，而一旦將這些因素都確定了，如何將每月及每天的營業額拉高則是屬於銷售層次的問題）。

3. 如果以戰爭作比喻，行銷屬於戰略的層次，是作戰參謀本部的權責，銷售屬於戰術的層次，是野戰軍部隊的權責（戰略著重的是整體、全面與長期的決策，戰術則是執行戰略的短期細部計畫與方案）。

4. 行銷人員和銷售人員所需要的專業與人格特質也有所不同，行銷人

員著重企劃力，後者著重銷售力（企劃力包含收集資訊、分析整合及創意發想等能力，銷售力則強調與客戶的溝通能力及銷售人員本身的毅力與抗壓力）。

優秀的企劃人員必須有豐富的商業知識與素養，廣泛的資訊來源及敏感度，縝密的分析能力與判斷力，優秀的書面表達與口頭溝通的能力，還須有豐富的創意與想像力。

紅極一時的「全民亂講」、「全民大悶鍋」、「全民最大黨」……等節目就表現了非常優秀的企劃與製作能力，透過模仿名人並且以反諷式的趣味化演出，創造了許多非常有趣的橋段與單元，像中共海協會副會長張銘清的記者會，施主席的home party，張國志的「人市分析師」，黎智英與「芒果亂報」，都因為和時事緊密相扣，而且發揮天馬行空的想像力，使各單元受到廣大觀眾的喜愛。

行銷組合

接下來要談的是行銷學中最重要的內容……行銷組合的內涵。

行銷組合是行銷策略的主要構成要素，一般在行銷學界最常討論的行銷組合策略包含了行銷4P。

行銷4P的意義

行銷4P指的是行銷所涵蓋的四種策略，因為都是以英文字母開頭，所以通稱為行銷4P，也就是：……

- 產品策略（Product）
- 價格策略（Price）
- 通路策略（Place）
- 促銷策略（Promotion）

行銷4P是從賣方，也就是企業與廠商的觀點來談行銷，強調企業如何運用行銷組合策略影響目標顧客；另外有一些學者則從買方（也就是顧客）的觀點來討論行銷組合，而提出所謂的行銷4C概念。

行銷4C

就是從客戶角度思考行銷的要素，它包含了——

* Customer Benefit（客戶的利益）
* Cost（客戶的成本）
* Convenience（客戶的便利性）
* Communication（與客戶的溝通）

行銷4C和行銷4P恰好代表了廠商與消費者雙方的觀點與對應關係。

* 企業的產品（Product）必須能帶給消費者所期望的利益（Customer Benefit）。
* 企業對產品的訂價（Price）就是消費者獲得產品所必須付出的成本（Cost）。
* 企業的產品必須選擇適當的通路（Place）銷售給消費者，而且應該讓消費者很便利的購買與取得商品，也就是必須考慮到消費者的便利性（Convenience）。
* 企業的廣告與促銷策略（Promotion）則是要以最適切的方式與消費者溝通（Communication），以建立消費者對企業產品的好感、興趣或忠誠度，並進而採取購買的行動。

行銷4C和行銷4P的對應關係

行銷4C和行銷4P之間的對應關係如下表所示：

行銷4P（廠商角度）	行銷4C（顧客角度）
Product ←————→	Customer Benefit
Price ←————→	Cost
Place ←————→	Convenience
Promotion ←————→	Communication

♻ 行銷7P

在行銷4P之外，部分行銷界人士又提出了行銷7P的概念，也就是在原來的4P之外再加上People（人），Process（流程），Physical Evidence（實體例證；可視覺感受的事物）等3P。

7P=4P + People（人）+ Process（流程）+ Physical Evidence（實體例證；可經由五官感受的事物）。

7P的概念尤其適用於服務業。

- 在服務業中，第一線的員工是和顧客最直接的接觸者，許多顧客也會以和企業員工的互動經驗評價這個企業的好壞，所以People（人）對企業具有非常重要的意義。

- Process指的是企業提供服務的流程，例如航空公司以及汽車運輸公司的訂位流程是否快速便捷；物流與快遞公司是否能在客戶期望的時間，將物品及時送達目的地；在餐廳用餐是否要苦苦等候點餐與供餐……，這些服務流程的順暢與否，都是顧客評鑑企業優劣的重要因素。

為了強化企業的服務流程，麥當勞、信義房屋、7-11……都建立

了SOP（Standard Operation Procedure標準化作業程序），並且對員工施以嚴格的培訓，使得人員服務能達到一定的品質水準。

例如，麥當勞為了縮短客戶點餐等候的時間，客戶排隊現場另有幾位服務人員會在等候的顧客身邊逐一的詢問顧客點餐的項目，並且以便條紙記下內容，當輪到顧客向櫃台服務生點餐時，只須將便條紙交給櫃台服務生，就可以迅速完成點餐作業；又例如為了服務開車的顧客，另外設置「得來速」的漢堡店，開車來的顧客不須下車，在得來速的專用停車道就能點餐與取餐，解決了用餐必須四處找停車位的問題；信義房屋和永慶房屋等房仲業者，為了縮短為客戶搜尋房屋及現場帶看的時間，全面推動e化服務，經紀人身上都配有可以上網的PDA或智慧型手機，經紀人只要上網連線進入公司的資料庫，就可以立即下載租售房屋的資料及照片，讓客戶先瀏覽篩選過資料後再到現場看屋，大幅度節省客戶的時間也提升經紀人的工作效率。

- Physical Evidence（實體例證）指的是顧客在消費現場中透過五官感受到的所有事物，例如：店面的設計、現場的氣氛、商品的陳列、裝潢的材質、播放的音樂、使用的傢俱、商品的包裝、燈光與色調、人員的制服、企業的Logo……等等，都會在顧客心中形成一種印象與評價（像喫茶趣餐廳在店內與店外種植樹木而且喜歡採用大片的玻璃，讓消費者有一種窗明几淨以及綠意盎然的感覺）。

行銷4C以及行銷7P讓我們用更寬廣的角度探討行銷的各項議題，不過一般最為眾人所熟知的仍然是行銷4P，所以這本書也以此作為討論的主要架構。

談過了4P的意義，現在以保險業為例，簡要說明4P的內涵。

保險業的產品：以類別概分，有儲蓄險、意外險、醫療險、投資連結型保險，……每一種保險都提供顧客不同的產品利益（包含還本金額、理賠金額、解約金額、醫療給付……等）。

保險業的價格：指顧客支付的保費、保險成本、質借成本……。

保險業的通路：一般透過保險人員、保險代理與經紀業者、銀行、郵局等通路（目前也有透過電視購物台銷售保單或網路投保）。

保險業的廣告與促銷：電視廣告、報紙廣告、直效行銷信函……。

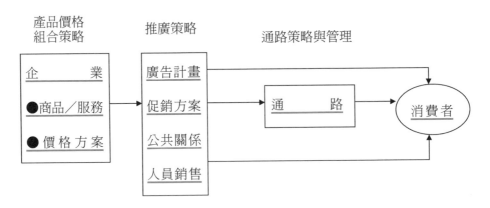

Lesson **2**
市場區隔
（Market segmentation）

市場區隔的意義

　　企業都希望能將產品銷售給最大數量的顧客，但是不同的顧客在消費行為上有顯著的差異，同一樣產品可能有人很喜歡卻也有人完全不感興趣；對於同樣的產品，每一個人願意支付的價格也不盡相同，例如一棟房子，有人願意出1000萬購買，另外一個人則只願意花700萬購買，這裡牽涉到每個人的經濟能力、對產品的偏好、選擇產品時看重的因素都不相同，甚至每個人接收廣告訊息的來源及購買商品的管道都不一樣，有些人重視價格，喜歡到量販店買東西，有些人重視購物的氣氛及有人服務的感覺，所以喜歡逛百貨公司，也有人對品牌非常講究，非名牌不買，所以一律只上名牌專櫃或專門店消費。由於市場上的消費者有這麼大的差異性，所以要以一種產品滿足所有顧客的需求幾乎是不可能的任務。

　　「市場區隔」就是將差異性很大的全體市場，區分為幾個同質性較高

的次級市場，這些次級市場就稱為市場區隔，每一個區隔是一群有相同特性的顧客，而不同的市場區隔在消費行為上則有顯著的差異，例如：對品質的期望水準、對產品的購買能力、消費的場所，以及接觸的媒體都有所不同。

例如，建設公司要推出住宅的建案，如果你是建設公司的老板，你要規劃什麼樣的產品？你的產品要賣給什麼樣的顧客？你的價格要如何訂定？你要透過哪些廣告或促銷的方法達成你期望的銷售業績與利潤？

同樣一塊地，你會規劃為豪宅，還是戶數眾多的住宅大樓，或是透天的別墅，還是坪數小戶數多的套房產品？這些產品的購買者的購買能力，對房屋品質的期望水準，對空間坪數與機能的需求是截然不同的。

- 以豪宅的客戶而言：多半是高所得的企業主或高階專業人士；他們重視空間寬敞氣派，對安全及私密的要求很高，所以坪數多半在七八十坪甚至上百坪，建築內外採用的都是高品質建材，保全系統與電器自動化是必要的設施，公共空間中要有賞心悅目的庭園景觀、高級的三溫暖、游泳池及典雅名貴的藝術迴廊。

- 集合大樓的客戶：多半是已成家而且有多年工作經驗者，三十至五十坪的三房產品是多數人期望的理想坪數，對產品的功能、公共設施的項目、價格等因素的考量較為分歧，住家所在的區位、環境、交通……等是他們選購房屋的重要考量因素。

- 套房的客戶：一種是投資客，另一種則是單身或新婚不久的夫妻；房價是主要的考慮，對空間坪數及公設項目的要求低，但可能在意交通的便利性及住家週邊的生活機能。

不同區隔的消費者，他們經常性的購物場所也有所不同。

如果要買宴客用的洋酒，你會到哪裡購買？

有人會選擇到橡木桶或人頭馬等洋酒專門店，因為那裡有各式各樣的

洋酒供你挑選，而且品質比較整齊。

有人會選擇到量販店購買，因為價格便宜。

也有人到便利商店購買，因為可以節省時間。

如果要選購一台新的電冰箱，你會到哪裡購買？

有人到家電經銷商，有人選擇燦坤3C或全國電子等3C賣場，也有人在網路的購物中心或購物商場中直接線上訂購。

　　由於不同區隔的消費者在消費習性上有極大的差異，因此針對不同的區隔，企業就會擬訂不同的行銷組合策略。

 # 市場區隔的功能與目的

　　前面說明了市場區隔的意義，接下來說明市場區隔的功能與目的。

　　市場區隔是基於以下的原因與目的：

1. 資源的局限

　　一家廠商無論資源如何雄厚，都無法以它的產品滿足所有消費者並獲取最大的利潤，因此必須將為數眾多但性質差異大的消費者，以適當的方法區分成數量較小但同質性高的消費群，再針對選定的主要消費群（即目標市場）制訂最適當的行銷組合策略。

2. 創造企業最佳利潤

　　即使企業有能力服務多個市場區隔，但每個區隔對企業所能帶來的利潤不同，企業應鎖定對本身最有利潤的區隔，以免備多力分降低整體獲利。

3. 專業化經營

　　市場區隔可以協助行銷企劃人員對產品做正確的定位，並規劃最適當的產品線及最佳的服務。

市場區隔可以讓行銷人員更精確有效地找出主要的顧客群，透過正確的通路及溝通訊息，將產品販售給這個區隔的顧客。

下面舉幾個市場區隔的例子：

- 遊戲橘子是國內知名的遊戲軟體公司，創辦人劉柏園有一次邀請一些女記者到公司參觀與訪談，他發現很多女記者對線上遊戲非常感興趣，而且玩得很起勁，這觸動了他一個想法……過去的線上遊戲都只針對男性的消費者，所以幾乎都是戰爭、競賽、科幻、武俠等偏向陽剛的內容，幾乎完全忽略女性的市場，有了這個念頭之後，他要求公司針對女性開發設計適合女性的線上遊戲，在網頁的設計上也多採用粉紅色等色系，遊戲上市後並且找天心擔任產品代言人，這項產品的發展就是在以男性為主的線上遊戲中，另外開闢了女性的線上遊戲市場。

- 在都會區有多家「古典玫瑰園」的咖啡廳，每一家咖啡廳裡面都充滿了與玫瑰相關的事物，包括牆上的裝潢圖案、桌布、餐盤、咖啡杯，以及點菜的菜單，都配置了各式各樣的玫瑰，而且它的座位間距比較遠，不像一般咖啡店的座位幾乎與鄰座緊鄰，在玫瑰園裡面，大家講話都放低音量輕聲細語，整個店的佈置與氣氛充滿古典與浪漫的氣息，可能也因此種特色與調性，它的主要顧客中百分之八十以上是女性的上班族，這樣的市場區隔也與它對本身的定位相符合。

- 另一家Skylark（加州風洋食館）又呈現出另一種不同的區隔，Skylark雖然中文名稱是加州風洋食館，但是它當初引進台灣餐飲市場的創始人卻是日本人。它設定的市場區隔是18～25歲的年輕族群，而且以女性居多，它的餐飲中刻意著重酸的味道，藉此迎合年輕女性的口味。

市場區隔的方法

前面解釋了市場區隔的意義及目的，那麼有哪些市場區隔的方法呢？一般可以分為人口統計變數、地理統計變數、心理統計變數，及文化統計變數四大類。

1.人口統計變數

人口統計變數包含了：

➡ 性別：

有許多產業或產品常以性別區隔市場。例如男女服飾、男女保養品、男女三溫暖、男女雜誌、男女手錶；像Virginial是專門給女性抽的香菸，古龍水是男性用的香水，Playboy是以男性為主顧客的雜誌，造型小巧可愛以郭采潔為廣告代言的Tobe小型車主要訴求年輕女性等等，都是以性別來區隔市場。

➡ 年齡：

像服飾業可依年齡將服裝分為童裝、青少年裝、紳仕淑女裝、仕女服，在百貨公司中也經常可以看到服裝依年齡而分佈在不同樓層的情形。像以往的衣蝶二館及西門町的萬年百貨，都是以十五六歲到二十歲出頭的青少年為主要消費群；奇哥服飾和麗嬰房是嬰幼兒服飾及用品的專業廠商，曾有多家連鎖據點的湯姆龍與湯姆熊是提供小孩遊樂玩耍的歡樂與成長的空間。

房地產業有專門針對老人市場規劃興建的銀髮族公寓；補教業的課程有兒童美語，也有針對留學生的托福美語及一般成人美語……。

➡ 體型：

有些產品是依高矮胖瘦將市場加以區隔，例如：加長加大尺碼的服飾；配合女性身材的小型汽車或機車；針對肥胖人士的減重健康食品等

等。

家庭人口數：

房地產在產品定位及規劃時，可設計成適合單身或頂客族的套房；一般小家庭的二、三房；可三代同堂的四大房等產品。又如汽車產品也可以依照家庭人口數分成小型車、房車，及休旅車。

職業或工作性質：

這是將客戶依據職業或工作性質區分，例如：藍領、白領；製造業、服務業；管理行政，或研發，銷售……。例如三洋維士比主要以藍領的勞動工作者為主要目標市場。

專業用的軟體或專業性的書籍雜誌也可以依個人的工作性質來區分。例如營建管理軟體、會計雜誌、建築師雜誌……。

教育程度：

例如財經雜誌大都以大專以上的上班族人士為主客群；介紹台北吃喝玩樂資訊的Taipei Walker以學生為主客群；以往在理髮廳、美容院常見到的姊妹雜誌、翡翠雜誌則以高中職以下的女性為主要目標市場。

參加社團：

以個人所參加的社團作為區隔變數，例如：商業團體（例如：青商會、扶輪社）；公益團體（例如：慈濟）；專業團體（例如：產業公會）；政治團體……

興趣或專長：

像攝影、登山、網路、電影、音樂、投資……的愛好者也是相關商品所應瞄準的主要市場區隔。

所得水準：

以個人的所得水準來區分顧客是非常普遍的區隔方式，例如：精品、汽車、餐飲、飯店、俱樂部，都是常見以所得水準來區隔顧客的產業。

2. 地理統計變數

除了人口統計變數之外，第二種市場區隔變數是地理統計變數。

依據企業的營運及產品服務所涵蓋的地理範圍，可以將市場區分為國際性、全國性、區域性、都會區、鄉村型等市場區塊。例如台積電、友達，是國際性的企業，國泰建設是全國性的企業，基泰建設及北城建設則將營運及產品集中於北部的縣市。地理統計變數也包含氣候、季節、溫度等因素，例如雨衣、風衣、雪衣及季節性的服飾，都是依地理統計變數區隔出主要的顧客群。

3. 心理統計變數

第三種市場區隔變數是心理統計變數。包含個性、價值觀、信仰、態度、生活型態，這些因素都會影響個人的消費行為與產品的選擇。

例如，有些女性喜歡線條簡單流暢的服裝，有些女性則偏好洋裝，或能夠充份展現女性特質的服飾。

Marlboro香菸多年來的廣告都以西部牛仔為主題，成功地將產品的印象與粗獷豪邁的男性形象相結合。

這些都是依照心理統計變數作為市場區隔的例子。

4. 文化統計變數

第四種市場區隔變數是文化統計變數。

在不同文化背景下成長的人，在消費行為上也可能有顯著的差異。

在文化統計變數中，例如傳統或是現代；個人主義相對於集體主義；重視自由或是崇尚紀律……等等。

例如對文化的喜好會表現在對中式餐飲、西式餐飲、泰越餐飲的選擇，在信奉回教的國家禁食豬肉，因此在餐廳裡看不到以豬肉為食材的餐點。來自江西四川等省份的人較喜歡偏辣的重口味飲食，東南省份的人則

飲食較為清淡。

出國旅遊，有人會選擇希臘羅馬等具有歷史文化意義的國度，有人喜歡法國巴黎的浪漫或日本東京的新潮，也有人喜歡參加中國古都之旅或遍遊黃山、九寨溝等世界名勝。

這些都是文化對消費行為的影響，也是企業在進行市場區隔與產品定位時不可忽略的因素。

常用市場區隔變數

人口統計變數		心理／行為統計變數：	
・性別	・家庭人口數	・個性	・品牌忠誠
・年齡	・職業或工作性質	・價值觀	・使用目的
・體型	・教育程度	・信仰	・使用時機
・參加社團	・興趣或專長	・態度	・購買頻率
・所得水準		・生活型態	
地理統計變數：		文化統計變數：	
・區域	・交通建設	・傳統或現代	・宗教
・氣候		・個人主義或集體主義	
・都市化程度		・重視自由或崇尚紀律	
・人口數、人口密度		・成長環境	

以上提到各種區隔市場的變數，實務上常會同時採用幾種主要的變數來區隔市場。例如，汽車的市場區隔如果以「年齡」及「所得」作為主要的區隔變數，大致上可劃分成以下幾個區隔：

➡ 例1：汽車的市場區隔

1300cc小型車的購買者，通常是比較年輕的女性或第一次購車的客戶，在所得方面是屬於中低所得的薪水階級。購買動機主要在作為代步的交通工具，重視其經濟與便利性。

1600cc～2000cc轎車的購買者年齡分佈範圍比較廣，約在30～65歲的

範圍，是屬於中等所得的中產階級，因為已成家或考慮未來家庭成員的需求，會選擇可容納四、五人較寬敞但價位又在經濟能力可負擔範圍的中價位中型車。

3000cc以上的房車，主要的購買者是40～65歲高所得的老板，高階主管或本身家境富有者，重視的是寬敞氣派可襯托彰顯個人身份的大型車。

休旅車的購買者大致上以25歲到45歲的中高所得專業人士為主要的顧客群，重視休閒生活，期望假日能與家人親友共同至市郊野外享受放鬆與歡聚的溫馨氣氛。

車型	休旅車	3000cc以上房車	1600～2000cc轎車	1300cc小型車
年齡	25～45	40～65	30～65	25～35
所得	中高所得專業人士	高所得老板；高階主管	中等所得上班族	中低所得上班族

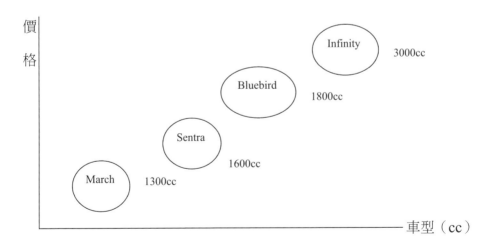

➡ 例2：元祖喜餅的市場區隔

元祖食品是以日式風味的麻糬起家，後來計畫將產品延伸到喜餅市

場，他們研究當時喜餅市場的主要品牌有超群、花旗、郭元益、伊莎貝爾等等，發現喜餅市場的主要區隔方式，可以分為漢式或西式，及傳統或現代等不同的風味，例如超群、花旗、郭元益有傳統漢式與現代漢式喜餅，伊莎貝爾則是西式喜餅的佼佼者，但是當時市場上卻缺少日式風格的喜餅，而元祖一向與日本有深厚的淵源，因此很自然的針對這一個市場空隙，研製出具有現代風格的日式喜餅，不僅在口味上走日式風格，連產品包裝及日後一系列的廣告，都呈現出濃厚的日本風味。

元祖以「文化風格」與「口味」作為市場區隔的變數，在當時的喜餅市場中找出未有競爭者的區隔，成功成為此市場中具有代表性的品牌。

市場區隔的選擇

當行銷人員將市場依據各種變數劃分為幾個不同的市場區隔之後，接下來則是要考慮企業要鎖定哪些市場區隔作為主要的行銷與服務對象。

選擇市場區隔時一般須考慮下列因素：

♻ 1.可衡量性

劃分出來的市場區隔，必須能夠預估這個區隔的市場潛量，例如有多少的人口數，多少的消費頻次，多少的消費金額，以便預估企業的營收與市占率。

♻ 2.足量性（也就是市場區隔的大小）

它指的是，市場區隔是否大到能讓企業的努力獲得應有的利潤與回報？如果市場區隔太小，進入此一區隔就不是明智的選擇。

此外，這個區隔的市場潛量可以容納多少的競爭者？目前及未來還有多少市場空間可讓企業從中獲取利潤？都是選擇市場區隔必須考慮的因素。

3. 差異性

依照各種變數所劃分的區隔，彼此之間應有明顯的差異性及可辨認度，如此行銷人員才可以針對各區隔提供最有效的行銷組合策略。

除了上述的因素之外，企業還必須評估本身的資源與能力，檢視在選擇的市場區隔中，本身所提供的產品與服務能否擁有競爭優勢。

例如一家保養品廠商一向是服務中低價位的市場區隔，若想轉而針對高所得者的區隔進行行銷，就必須提供頂級品質的產品，但是此企業可能在技術能力、行銷能力及品牌價值上無法與既有的競爭者相比。又如企業希望將產品銷售到全國，但是卻缺乏足夠的資金建構自營通路，對各地區的中間商也沒有足夠的掌控能力，那麼就被迫只能選擇區域性的市場而非全國性的市場。

市場區隔和企業行銷組合的關係

市場區隔及目標市場的選擇，是產品定位與制訂產品策略很重要的基礎，也就是企業要以什麼樣的市場區隔作為主要顧客？並且提供什麼樣的產品或服務來滿足這群客戶的需求？

以下說明市場區隔和企業行銷組合的關係：

1. 無差異行銷

這種策略並不因為市場區隔的不同而在行銷策略上有所差異，亦即企業對於所有的市場區隔都採用相同的行銷組合策略。

例如，定額消費無限量供應的自助餐廳，適合男女老少等各種年齡層的消費者，並不因客戶年齡而有差異。

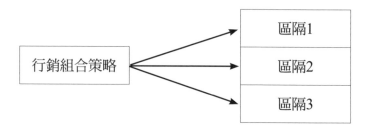

2. 差異行銷

這種策略則是針對不同的區隔,分別提供不同的行銷組合

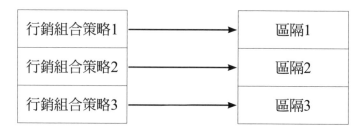

例如:酒廠有高價酒與平價酒分別針對不同的消費者,高價酒透過百貨公司或酒類專門店銷售,平價酒則透過量販店及便利商店販售。

3. 集中行銷

集中行銷的策略,是指企業只選定某一個特定的市場區隔,提供特定的行銷組合給這個區隔中的顧客。

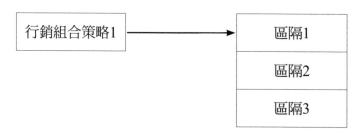

例如高價保養品海洋娜拉,專門鎖定高所得女性的市場區隔。

■單一市場集中化：

	市場1	市場2	市場3
產品1	▨		
產品2			
產品3			

■選擇性專業化：

	市場1	市場2	市場3
產品1	▨		
產品2		▨	
產品3			▨

■產品專業化：

	市場1	市場2	市場3
產品1	▨	▨	▨
產品2			
產品3			

■市場專業化：

	市場1	市場2	市場3
產品1	▓		
產品2	▓		
產品3	▓		

■全市場涵蓋：

	市場1	市場2	市場3
產品1	▓	▓	▓
產品2	▓	▓	▓
產品4	▓	▓	▓

市場區隔與產品定位案例：

◉ Case Study **1**：
麻布茶房V.S.喫茶趣的市場區隔與產品定位

◎ 麻布茶房的市場區隔與產品定位

　　元祖食品的董事長張寶鄰先生除了糕餅事業之外還投資創設了多家各具風味與特色的餐飲業，例如：日式風格茶餐廳麻布茶房、唐風日式風格代官山、日式健康定食元定食、蛋包飯專賣店蛋蛋屋、華風頂級壽司鮨彩等餐飲品牌。

　　為了創設餐廳，張寶鄰董事長曾經親自前往日本研究餐飲業多達數十次，之後決定將日本的茶餐廳引進台灣市場，因此創設了麻布茶房，但是在市場區隔及產品定位上，卻呈現出與日本茶餐廳非常不同的風貌。

⮕ 主要目標市場：

　　日本茶餐廳顧客多為中高齡人口，但是麻布茶房針對的主要顧客是22～35歲的年輕族群，重視健康、休閒，喜歡嘗試新鮮餐飲，重視用餐氣氛及與服務人員的互動。

⮕ 產品定位：

★ 日式、健康、休閒的茶餐廳。

★ 裝潢彩度及透視度高，具後現代東京建築風格，服務人員年輕化，門框採具有現代感的生鏽鐵件及爛木頭。

★ 菜色年輕化且具新奇感，例如各種風味的冰品，冰淇淋配熱地瓜，價格採平價化，平均價位250～300元，對年輕族群不致構成消費壓力。

◎ 喫茶趣的市場區隔與產品定位

　　喫茶趣餐廳是由國內老字號茶葉集團天仁茗茶於2000年創設，以集團

產品茶葉為核心,融入年輕、休閒、生活化的概念,創造一個多元具現代中國風的複合式茶館。

喫茶趣餐廳的飲食中以茶為重要元素,例如普洱茶牛肉麵、綠茶人蔘雞、綠茶茄蔬拌麵,另外還有具中國口味的燒賣、蒸餃、湯包及各式精緻茶點。

喫茶趣餐廳的外觀與內部空間展現了簡潔明亮細緻優雅的中國風味,戶外庭園與室內盆景的陳設更讓整體空間顯得綠意盎然、心曠神怡。

➡ 主要目標市場:

喫茶趣店址多設於都會區上班族群聚的辦公商圈,提供上班族中晚餐與下午茶的舒適用餐與休閒空間。

➡ 產品定位:

以茶葉為核心,融入年輕、休閒、生活化概念,創造多元具現代中國風的複合式茶館。

	麻布茶房	喫茶趣
目標市場	喜日式文化與飲食,樂於求新求變的年輕族群	都會區上班族
產品定位與特色	日式餐飲,取材新穎多變	以茶葉為核心,融入年輕、休閒、生活化概念,創造多元具現代中國風的複合式茶館
價位	中等	中等

Case Study **2**：
披薩的市場區隔與產品定位

　　必勝客和達美樂是市占率最高的兩大披薩連鎖店，前者是義大利口味，後者是美式口味；除口味不同外，二者最大的差異在於必勝客有內用、外帶、外送等消費方式。達美樂則以外帶、外送服務為其特色，因此達美樂可大為節省店面空間與經營成本；必勝客還提供吃到飽歡樂沙拉吧，是異於其它披薩店的一大特色。

　　早期必勝客或達美樂等傳統的披薩尺寸都比較大，適合家庭或兩個人以上食用，也有企業訂購給員工共享，後來曾轟動一時的50元熱到家披薩連鎖店，銷售的比薩只有5～6吋大，適合個人食用，而且因為價格只需要50元，以學生及外食上班族為目標市場。熱到家與必勝客註冊的「Hot到家」近似，遭到必勝客控告，在市場中已幾乎消失殆盡。

　　（註：50元披薩後來在市場沉寂，問題未必在其尺寸與價位的市場區隔錯誤，而是因為口味與嚼勁未符合消費者喜好）。

	必勝客	達美樂	熱到家
產品特色	義式口味 鬆厚餅皮、脆薄餅皮、芝心餅皮、三芝心熔岩等餅皮 歡樂自助沙拉吧	美式口味 雙層吉心、手拍跟脆薄等麵皮 低鹽，少油膩	台灣本土自創口味 焗烤披薩
消費方式	內用、外帶、外送	外帶、外送服務為主 30分鐘保證送達	外帶、外送

主要目標市場	年輕族群，上班族，家庭成員	年輕族群，上班族，家庭成員	年輕族群，上班族
價格	中高； 大披薩 580～720元 小披薩 360～480元 個人披薩套餐 130～150元；單點89～99元	中高 大披薩 540～830元 小披薩 350～580元	低 5～6吋：50元

● **Case Study 3**：
納智捷LUXGEN7、March與Benz汽車的定位

◎ 納智捷LUXGEN7 MPV的定位與市場區隔

裕隆集團歷經長期研發所推出的自主品牌納智捷LUXGEN7 MPV，是全球第一部智慧科技車，結合環保節碳電動車、Eagle View+360度環景影像系統、Night Vision+高感光夜視輔助系統等先進電子科技，於杜拜國際車展成功打響知名度更讓LUXGEN跨足世界舞台。

➡ 產品定位：
全球第一部智慧科技車。

➡ 目標市場：
具先進科技觀與環保概念的高所得人士。（LUXGEN7 MPV為豪華休旅車，LUXGEN7 CEO EV+則是企業總裁與執行長的高級座車。）

◎ March汽車的定位與市場區隔

➡ 產品定位：
1300cc的小型車。

➡ 客戶價值：
便利、經濟、好開、好停車。

➡ 主要目標市場：
開車新手；單身年輕男女；頂客族；重視價格取向。

◎ Benz汽車的定位與市場區隔

➡ 產品定位
3000cc的高級車。

➡ 客戶價值：
豪華、尊貴、身份地位象徵、安全、舒適。

➡ 主要目標市場：

高所得之企業主、高階主管、專業人士……

LUXGEN7、March和Benz的定位與市場區隔用以下表格作比較：

	目標市場	車型 （cc數）	客戶價值	價格
LUXGEN7 MPV	具先進科技觀與環保概念的高所得人士。	3000cc	擁有智慧科技，節能無碳環保	百萬元上下
March	開車新手；單身年輕男女；頂客族；	1300cc的小型車	便利、經濟、好開、好停車	約40萬低價
Benz	高所得之企業主、高階主管、專業人士……	3000cc	豪華、尊貴、身份地位象徵、安全、舒適	數百萬元高價

Case Study **4**：
潤福新象銀髮住宅的市場區隔與產品定位

民國80年代，鑑於老年人與子女同住的比率逐年下降，老年獨居或僅與配偶同居的比例則有上升趨勢，以紡織與營建事業起家的潤泰集團，創立潤福生活事業公司，興建與經營五星級銀髮專用住宅……「潤福新象」。

➡ 目標市場：
50歲以上中高所得的老年夫妻或獨身老人。

➡ 產品：
規劃屬於銀髮族安全舒適的居住空間，一流的軟硬體設施與醫療健康服務並提供生活照顧——餐飲服務、櫃檯生活便利服務、休閒活動。

➡ 價格：
採出租而非買賣的方式，入住之住戶依居住坪數大小，須自備600萬至1000餘萬不等之押租金，每月另須支付數萬元之管理費與伙食費。

早年的老人安養中心有些屬政府公營有些屬社會福利機構所設置，收費雖較低廉，但各項軟硬體設施較簡單，易給外界類似收容所的印象，許多子女對於將雙親安置於這些安養中心常覺歉疚或擔心遭人非議；而和潤福新象類似，以銀髮族獨身老人或夫妻為目標市場的自費安養中心如長庚養生村等機構則提供完善的軟硬體設施、醫療照護與居家生活服務，沒有相當的財力還未必有能力進住這些安養機構，因此和一般平價安養中心形成明顯的市場區隔。

○ Case Study**5**：
天下雜誌與壹週刊的定位與市場區隔

《天下雜誌》是國內歷史悠久且極負盛名的財經專業雜誌，它所提供給讀者的客戶價值是掌握國內外財經趨勢與脈動；培養更寬廣的格局與見識；它的主要目標市場是政經界企業界人士及大學院校教授學生這兩大區塊。

《壹週刊》是香港知名的媒體大亨黎智英進軍台灣所創辦的雜誌，以揭露社會知名人士的隱私及具新聞性事件為主要宗旨與賣點，它所提供讀者的客戶價值是消遣、窺秘及提供許多人茶餘飯後的社交話題，它的主要目標市場是喜歡新鮮、刺激話題及報導名人隱私的社會大眾。

➡ 天下雜誌與壹週刊的定位：

	目標市場	雜誌定位屬性	客戶價值	出刊頻率
天下雜誌	政經界企業界人士；大學院校教授學生	財經專業雜誌	掌握國內外財經趨勢與脈動；培養更寬廣的格局與見識	每月
壹週刊	喜歡新鮮，刺激話題及報導名人隱私的社會大眾	揭露社會知名人士的隱私及具新聞性事件	消遣；窺秘；社交話題	每週

星巴克、壹咖啡及85度C的定位策略

85度C是近年崛起的烘培食品與咖啡連鎖店，98年全年營業額高達三十一億元，它的創辦人也是當年50元披薩熱到家的創始人吳政學先生。

85度C在行銷策略上，明顯和星巴克有截然不同的定位。

在主力商品之一的咖啡定位方面，星巴克將自己定位為「精品咖啡」，主要的客戶群是都會區的白領與粉領階級，咖啡的價位屬於中高價位，85度C則定位為「平民咖啡」，一杯只賣三十五元，其它的飲料像綠茶也只賣20元，很明顯走的是低價路線。

星巴克提供的商品以咖啡為主，有各式各樣的咖啡，烘焙點心所佔的營業額比重不高。85度C在咖啡種類及口味上不如星巴克，但是烘焙點心的種類卻遠遠超過星巴克，這是彼此在產品組合上的明顯差異。

星巴克強調空間與氣氛，很多人到星巴克不全然是為了品嚐咖啡，而是洽談商務、交誼或享受一種都市雅痞的休閒風格；85度C則重視店內賣場的坪效，也就是每一坪所能創造的收益。它的店內座位通常相當有限，這樣可以提高顧客週轉率及節省店面總租金，而且顧客是以外帶為主；星巴克的消費者中，內用的佔90%，85度C則是外帶顧客佔了90%，兩者形成強烈的對比。

星巴克的店面位置著重在都會區的三角窗，至目前為止都只有直營店，因此在商店定位上比較容易維持服務品質與形象的一致性；85度C開放加盟，店址的要求比較寬鬆，因此各加盟店在服務品質與形象上的落差較大。

除了各家重視裝潢門面的連鎖咖啡館外，壹咖啡以小店面及咖啡外帶的經營型態異軍突起。傳統咖啡館供應的咖啡以熱咖啡為主，壹咖啡訴求冰咖啡也有好咖啡，而且價格低廉，在它們店外的招牌就以「35元也有好

咖啡」作為號召，而且主打外帶市場，店內不須設置座位，鎖定和星巴克、西雅圖、丹堤等不同的市場區隔。

從前面的說明，可以看出，85度C、壹咖啡和星巴克所採取取的是截然不同的定位策略，不論是在產品結構、價格、店面選擇、營運方式，都有很大的差異，但也都在咖啡連鎖業中各自擁有相當成功的地位。

在台灣星巴克、壹咖啡及85度C的定位比較：

	Starbucks	**85度C**	**壹咖啡**
產品	咖啡、烘焙點心	咖啡、冷飲、蛋糕、麵包、烘焙點心（佔比高）	咖啡
目標市場	都會白領、粉領為主	一般市民	上班族、一般市民
價格水準	中偏高	中低	低
空間	較寬敞，座位數多；營造都市雅痞的休閒風格	少數座位或不設座位；平民化大眾路線	不設座位；以外帶為主

Chapter 2

產品策略

在這個單元談的是行銷組合4P中的第一個P——

「**Product**」，也就是與產品相關的主題。

Lesson 1
產品概念

 核心產品、有形產品、附加產品

1.核心產品

　　消費者在各式各樣的通路中購買實體的產品，但其實顧客購買的是「產品的利益」以及「解決問題的方法」，這種能夠提供消費者利益或為其解決問題的方法稱之為「核心產品」，而且不論其外在呈現的是何種形式。

　　例如，肚子餓的時候我們會去找餐廳，或上便利商店買泡麵，或到路邊攤買便當。傷風感冒的時候會上醫院求診或者到附近藥房買一包伏冒錠；當你聽到空中補給合唱團要來台灣演出，立刻上網訂購門票，這一切的消費行為都是為了解決你當下或未來面臨的問題，或者是經由產品的消費，可以帶給你生理上、心理上或物質上的某些利益。對於產品所能夠解決的問題及提供的利益稱之為「核心產品」，至於實體的產品，只是它所

呈現出來的外在形式。

例1：購買與使用保養品：目的在防止老化、留住青春，或者提供一種
美麗的期望與幻想。

例2：服用各種健康食品是為了預防各式疾病，讓你身材健美，使你營
養均衡。

例3：轎車提供給消費者的利益可能包含代步，舒適愉快的乘坐空間，
彰顯身份地位的象徵，或是交女朋友的一種工具。

例4：餐飲的目的可能是為了解除饑渴，享受美味，交際應酬，或是建
立感情。

　　各種不同形式但能夠滿足消費者的產品可能具有相互替代的效果，因
此在談到核心產品的概念時，順便介紹哈佛大學教授Michael Porter的產業
分析架構。

　　在他所提出的架構中，影響產業競爭的因素包含了五種主要的力量，
如下圖所示。

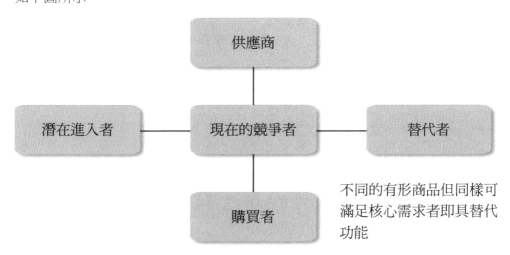

不同的有形商品但同樣可
滿足核心需求者即具替代
功能

產業競爭中五種主要力量：

➡ 產業中現有的競爭者

例如，裕隆汽車在台灣汽車產業的主要競爭者，有和泰汽車、三陽工業、福特六和，以及一些進口車的代理商。

➡ 供應商

企業由上游供應商取得技術支援及原物料，所以企業和上游供應商之間的合作關係以及談判的籌碼，是影響企業在產業中是否能夠獲利的重要關鍵。企業對供應商具有越強的掌控力與議價力，就能擁有越大的利潤空間（例如鴻海、台塑對其供應商均有強大掌控力）。

供應商有時候也可能會向下游整合，自己也加入生產製造的陣營成為競爭者。

➡ 購買者

企業產品的購買者，可能是最終的消費者，也可能是中間的通路商，企業對購買者的影響力以及訂價與議價的籌碼，都會影響企業的營收、市場占有率以及獲利率。

有些購買者也可能向上游整合，自行生產製造產品，成為原供貨廠商的競爭者。

➡ 潛在進入者

有些廠商原本並不在這個產業中，但是後來跨足進入到這個產業，對產業內原有的企業就形成了競爭的關係，例如鴻海早期生產連接器與電腦準系統，後來跨足手機代工，就變成了華碩、廣達等手機大廠的競爭者，Yahoo最早是以搜尋引擎起家，後來發展出Yahoo購物中心、購物通等線上購物平台，近年的營業額快速成長，已經對傳統的實體通路及各行各業的零售商產生極大的威脅與競爭壓力。蘋果早期是知名的電腦業者，後來研發iPhone智慧型手機，在全球熱賣，已成為Nokia、Sony Ericsson等傳統手

機大廠不敢忽視的勁敵。

➡ 替代者

第五個影響產業競爭的因素，是所謂的替代者，替代者就是能夠滿足客戶需求，提供客戶利益以及解決方案的任何產品或服務，也就是前面提到的「核心產品」的概念。

替代者在產品及產業的分類中可能屬於另一種類別，但是因為同樣能滿足客戶的核心需求，所以對這個產業具有替代的效果。

以汽車產業為例，如果只考慮運輸與交通功能，汽車的替代者包含了捷運、公車、計程車，在長途運輸方面，還包含了台鐵、高鐵及航空，這些替代者都能達到運輸的功能，因此對於汽車的營運就有相當程度的影響。大台北區這幾年因為捷運發展及公車專用道的開闢，使市內交通比以往快速且不需太長的等候時間，所以很多人平日不自己開車，改搭大眾運輸工具，這種現象使得私人轎車的銷售量明顯下滑，計程車業更是受到明顯的衝擊。

以往照相機、攝影機和手機，是分屬不同的產品與產業類別，但是自從照相手機上市之後，它已經大幅度地瓜分了相機及攝影機的市場，這也是因為彼此間的替代性所產生的必然結果。

以前看電影必須走進電影院，後來錄影帶出租店興起之後，在家就可以看電影，很多電影院的生意已不復當年的盛況。而當VCD、DVD的影片陸續進入市場後，錄影帶逐漸被市場所淘汰，生產錄影帶的廠商也被中環、錸德、精碟這些光碟片大廠所取代。現在因為網路科技的發展，透過隨選視訊的服務，在網路上就可以下載無數強檔影片，蘋果電腦的Apple TV對未來的電影業也會產生舉足輕重的影響（註：以租售影片為業的百視達受到網路下載電影的衝擊，近年業績大幅下滑，2010年公開宣佈將破產結束營業）。

音樂市場也歷經了許多變革,從早年的唱片、卡帶、CD,到近年的MP3、MP4,甚至到目前由線上下載數位音樂取代實體產品,不僅新產品取代了舊產品,也對依附此產業生存的業者與個人(如歌手、製作人⋯⋯)產生巨大的衝擊與影響。

核心需求:觀賞影片

產品的演變與替代:

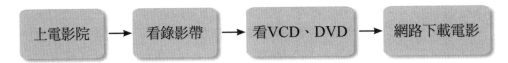

核心需求:聆聽音樂

產品的演變與替代:

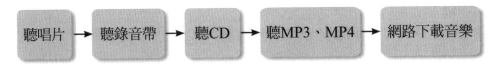

再舉另外的例子,為了讓身體健康,每個人都有不同的方式來達到這樣的目的,有人上健康俱樂部,有人參加運動性的社團,有人買運動器材在家裡使用,也有人選擇食用健康食品。儘管產品的形式不同,只要它的「核心產品概念」符合消費者的需求,就可以有它的消費群,而不同的產品之間也相互具有某種替代性。

以上舉這麼多替代性產品的例子,是要說明產業的競爭不能只關注產業內的同業廠商,事實上來自產業外的替代者的威脅性可能更甚於產業內的競爭者,所以企業應該重視的不是產品的外觀形式,而是能夠滿足顧客需求的核心產品,這種核心產品會以各種不同的形式在市場上出現。

♻ 2. 有形產品

相對於核心產品的另一個概念是有形產品。

所有可以透過感官感受到它的存在，並且能夠提供客戶特定利益或解決其特定問題的所有方案都是有形產品，像我們前面所提到的汽車、公車、捷運，運動俱樂部、運動器材、健康食品等等都屬有形產品。

♻ 3. 附加產品

我們購買產品，除了產品本身之外，還有一些附屬在產品之外的因素，這些因素可以增加產品的附加價值，也可能是顧客在做購買決策時會影響其決定的因素。

例如，運送服務、安裝服務、產品保險、使用產品的教育訓練、保固期間免費維修等等；在選購家電、家俱、家飾等商品時，這類附加服務是否須另外計費，往往是影響顧客購買的重要因素。

例如，企業採購一些會計軟體或人事管理的軟體，產品的銷售廠商一般都會針對企業客戶免費提供相當時數的軟體教育訓練課程，IBM就曾經聲稱，IBM賣的不是電腦硬體，而是包含軟體安裝、教育訓練、維修時效的整體服務與解決方案。

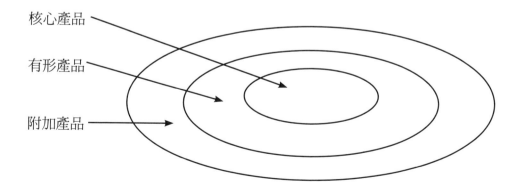

工業品、消費品

產品的另一種分類是工業品與消費品。

1. 工業品

工業品的交易對象是公司、團體或者政府機構。

像水泥、電纜、塑膠、石化……都是屬於工業用品；另外像專門給企業使用的工業電腦、大型主機或伺服器也可歸類為工業品；在電腦產業的供應鏈中，上游廠商賣給下游廠商的電子零組件，例如連接器、主機板、IC晶片、面板……等等也都屬於工業品。

在採購方式上，工業品的交易一般都是透過招標或銷售人員直接與客戶協商議價，是「企業對企業」（B2B，Business to Business）或「企業對政府」（B2G，Business to Government）的交易模式。

2. 消費品

消費品的交易對象是社會大眾，亦即個人。

採購方式：消費品的購買有透過消費點的購買（像店鋪、賣場）；也有透過郵購、電話訂購、傳真訂購、網路訂購等方式，是「企業對消費者」（B2C，Business to Customer），或「消費者對消費者」（C2C，Customer to Customer）的交易模式。

工業品和消費品的購買者不同，因此它們的行銷組合有極大的差異。

工業品除了招標以外，多半是以業務人員直接向企業採購人員報價的方式來銷售產品，即使有產品廣告，也多半選擇刊登在工商期刊或經濟日報、工商時報等專業的媒體，參展也是一種重要的銷售通路，例如世貿展覽館每年都會舉辦的電子採購展，參觀的客戶都是世界各國的企業採購代表，和一般針對消費者的電腦大展有不同的屬性與目的。

便利品、選購品、特殊品

另一種對行銷很重要的產品分類方式，是將產品依購買決策過程的複雜度及消費者涉入程度的深淺，分為便利品、選購品或特殊品。

1. 便利品

所謂便利品，是指顧客在購買這一類商品時，在意的是採購的便利性，而不會花太多時間在購買決策與行為上；例如：日用品、電池、速食等等，便利商店所販賣的就是這種性質的商品。

便利品既然著重的不是品質或價格而是方便性、即時性，它就應在消費者不須花費太多時間即可購得的通路中販售。

當我們在家中肚子餓想要吃碗泡麵，或在路上突然下起大雨時，除非附近剛好有大型量販賣場，否則多半會就近找一家便利商店購買泡麵、雨傘或輕便雨衣，雖然價格比大賣場貴，但是隨手可得，可以立即解決眼前的問題。

2. 選購品

選購品指的是顧客會花比較多的時間，去搜集資訊及評估比較的商品，例如：家電、電腦、手機、家具……。這類商品的價格多半高於便利品，消費者對於品牌及功能也有較多的要求與偏好，通常買這類商品都會貨比三家，詳細比較品質、規格、款式及價格之後才會決定購買。

3. 特殊品

特殊品是對顧客個人有特殊利益或價值的商品，而且不容易找到替代品，例如古董、字畫，及其它個人收藏或相當專業稀有的商品。價格未必是顧客最關切的因素，甚至有時為了擁有商品而不計代價。例如：王建民的公仔與簽名球，對王建民的Fans而言，具有特殊的價值與情感；風靡全

球的金耳扣泰迪熊,也是許多熊迷的珍藏與最愛。顧客在購買這類特殊品的時候,價格不是他們主要的考量,甚至有時候正因為價格昂貴擁有的人少,才更能突顯它的價值,例如上海一戶叫價數億元的豪宅,畢卡索的名畫,對它的買家而言,內心所認定的價值才是最重要的。

Lesson **2**
產品特性與
顧客購買行為

顧客購買決策程序

接下來要談的是在購買不同的商品時，顧客的購買行為有哪一些差異。

首先來看顧客在進行購買行為時經歷的過程，這種過程我們稱為「顧客購買決策程序」。

顧客購買決策程序包含了以下幾個階段：

1.需求與問題認知

在購買商品之前，我們通常是心中有某種需求升起，或者是有些問題需要解決，這時候我們認知到有某種需求與問題的存在，接下來就會開始進入下一個搜集資訊的階段。

♻ 2.搜集資訊

如果我們希望買一份禮物，可能我們會參考一些郵購公司的商品目錄，或者到百貨公司看看有哪些合適的商品，有時候也會徵詢一些親友的意見。在搜集與過濾了一些資訊之後，在我們的心裡就有了幾個可能的備選方案。

♻ 3.評估篩選

針對篩選過的方案，我們會以一些標準來評估與比較這些方案，例如預算與價格，品質與品牌，功能或外型等等。

♻ 4.決策

在經過反覆的評估比較之後，我們會從備選的方案中做出最後的購買決定。

♻ 5.購後認知

買了商品，我們會在使用與消費之後，對商品產生正面或負面的評價，如果消費後的感覺符合甚至超出我們的預期，就會對商品有正面的評價，如果使用後的感覺不如預期，日後可能就不會再重覆消費，甚至會四處向他人抱怨購買商品所產生的失望與憤怒。

需求與問題認知 → 搜集資訊 → 評估篩選 → 決策 → 購買 → 購後認知

行銷人員有一項重要的任務，就是要設法在顧客的購買決策過程中，讓自己的品牌成為顧客評估篩選的最佳方案或至少成為備選方案。就像顧客如果要解決頭皮屑的困擾，海倫仙度絲、仁山利舒應該是顧客備選方案中的前兩名。

雖然顧客的購買決策程序包含了前面所說的幾個階段，但並不是所有

商品的購買決策，都經過這樣冗長的過程。

　　消費者購買某些商品，例如前面所提到的便利品，並不會花費太多的時間搜集資訊以及多方的評估比較，可能直接就進入購買的行動；相反的，如果買的是屬於前面所講的選購品或特殊品，那麼就可能會經過這一連串複雜的購買決策過程。

　　如果消費者在購買某種商品時，會投入很多的時間與心力去搜集資訊，以及反覆的評估比較，我們稱它為「高度涉入的購買決策」，相反的，如果消費者在購買某種商品時，並不會投入很多時間與心力搜集資訊及評估比較，我們稱它為「低度涉入的購買決策」。

➡ 高度涉入的購買決策：

　　通常對於以前不曾購買，價格高，購買錯誤會產生高風險，或功能技術複雜的產品，購買者的購買決策程序一般都會較為複雜。

　　例如：企業採購設備、大型電腦或大批電腦軟硬體，個人購買家具、古董、房屋、汽車等等，都是屬於高度涉入的購買決策。

➡ 低度涉入的購買決策：

　　對於已經有購買經驗，購買次數頻繁，價格低及買錯了風險也不高的商品，購買者通常不會花太多時間就作下購買的決策，例如：可樂、衛生紙、牙刷、電池、口香糖等等，都是屬於低度涉入的購買決策。

　　高度涉入的購買，通常需要詳細的產品說明，專業及訓練有素的銷售或服務人員。以前曾經有一段時間，便利商店也銷售呼叫器與手機，後來全面失敗，就是因為購買通訊商品是一種高度涉入的購買行為，一般人買手機一定會向店員反覆詢問各廠牌的功能、規格，甚至店員必須花很多時間講解示範手機的操作方式，這樣的購買過程非常花時間，而且店員必須有一定的專業素養，便利商店的店員一般並沒有足夠的專業來回應客戶的問題，即使有此專業，但因為耗費店員太多時間，也和便利商店著重的快

速便利有所衝突，所以賣手機失敗是必然的結果。

購買決策中的參與者

在購買的決策過程中，還有各種不同的參與者，這些參與者對購買決策都可能有關鍵性的影響。

1.發起者

最先提議購買某一樣特定產品或服務的人。

2.使用者

真正消費或使用產品的人。

3.購買者

實際從事購買的人。

4.影響者

會影響購買行為與購買決策的人。

5.決策者

購買行為的最後決定者，決定是否買？買什麼？如何買？到何處買？向誰買？

這些參與者可能是同一個人，也可能分屬幾個不同的人，例如下表，在購買不同商品時，不同的人分別扮演上述發起者、使用者、購買者、影響者、決策者的角色。

確實認清商品購買過程中的參與者是誰，對行銷人員而言相當重要。

例如：藥廠的業務人員要將藥品賣給各大醫院，藥品的使用者是病

患，醫院裡的購買者通常是藥品採購部門，而醫生是具有採購藥品關鍵影響力的影響者，至於最後的決策者，可能是醫院裡的採購委員會。

知道了購買過程中的各個參與者，行銷人員才能更容易針對關鍵人物採行必要的說服與銷售行為，拉高銷售成功的機率。

購買商品的參與者	速食	辦公家俱	房屋	國外旅遊
發起者	小孩	老闆	老婆	女友
購買者	父母	採購人員	先生	男友
使用者	小孩／父母	公司同仁	全家	男女二人
影響者	店員	家具廠商；設計師；風水命理師	業務員，親友；地產專家	旅行社
決策者	父母／小孩	老闆	先生；老婆	女友／男友二人

目的性（計畫性）消費V.S. 隨機性（衝動性）消費

接下來介紹目的性（計畫性）消費與隨機性（衝動性）消費這兩個概念。

1.目的性（計畫性）消費

如果購買者事前已有消費的需求，心中並且已有理想的商品選擇方案及預期支付的價格，我們就稱它為目的性或計畫性的消費。

例如：你在電視及報紙上看到日本女星濱崎步要到台灣演唱，於是你準備好預算，上網或到大台北各地的購票點買票。或者你已計畫週末和友

人赴香港旅遊,因此著手聯絡旅行社安排行程訂購機票,這就是一種目的性的消費。

2.隨機性(衝動性)消費

如果消費者事前並沒有消費的預期心理,而是在商品展售現場因為商品特殊的包裝、特別的優惠價格、現場的消費情境或僅基於便利性而購買商品,我們稱這種消費行為是隨機性或衝動性的消費。

例如我們逛街的時候剛好看到路邊有商品特賣,或者經過商店櫥窗時,看到模特兒身上一件很漂亮的洋裝,或者在屈臣氏的店裡看到買一送一的標籤廣告,又或者突然下起大雨,你立刻跑進7-11買一把雨傘……,像這些臨時起意的消費行為就屬於隨機性或衝動性的消費。

商店或商品必須有特色或對顧客有獨特的利益,才能創造目的性的消費及後續的重覆消費。至於銷售地點的便利性、商店裝潢、櫥窗展示、商品陳列包裝及吸引人的POP現場廣告,則是創造隨機性(衝動性)消費的重要手法。

Lesson 3
產品生命週期（PLC）

　　產品生命週期（Product Life Cycle）是行銷學的一個重要觀念，它的意義是指每一種產品就像人一樣，會歷經出生、成長、成熟、衰老與死亡等幾個階段，只不過人從成長到衰老死亡的過程中，無法重新歷經另一個循環，但是產品卻可能歷經多次的成長、衰退與再成長的反覆循環過程。

　　產品生命週期從產品開發出來之後，會經歷以下幾個階段⋯⋯就是上市期、成長期、成熟期、衰退期等階段，這些階段合起來就構成了所謂的產品生命週期。

產品生命週期的類型

　　各種產品的生命週期不盡相同，有的產品生命週期長，有的產品生命週期短。

　　我們一般會用圖形來描繪產品的生命週期，縱軸代表的是銷售量或銷售金額，橫軸代表的是時間，不同的產品，它們產品生命週期的圖形也不一樣，大致上有以下幾種類型。

♻ 1.尖塔型

有些產品一上市，在很短的時間就有很高的銷售業績，但是維持的時間並不長，在一段時間以後，銷售業績就迅速下滑，呈現的就是像尖塔一樣的曲線圖。

像曾經紅極一時的蛋塔、50元披薩，或者靠一張專輯迅速暴紅的一片歌星都是這種類型。

♻ 2.常態分配型

大多數的產品比較少呈現暴起暴落的現象，它們的成長與衰退曲線比較緩和而且平滑，很類似統計學上的常態分配圖形。

♻ 3.高原丘陵型

有些產品的銷售量在成長到某一數量之後就長期維持在那樣的銷售水準，沒有明顯的成長也沒有明顯的衰退，也就是它在成熟期的時間拉得很長，圖形看起來像平頂的高原。

像家電產品或其它一些屬於成熟產業的產品，在經歷一段成長期後已進入成熟階段，每年的銷售量沒有太大的起伏，而維持在一定的年營業額，這種產品生命週期的圖形就接近於高原丘陵的類型。

♻ 4.多重波浪型

有些產品在走向衰退之後，可能因為開拓出新的市場，或者新科技的突破，或者因為對產品進行重新定位，使得銷售再創新的高峰，因此它們產品生命週期的曲線圖就如同波浪一樣，隨著時間有高有低，呈現出多重波浪的型態。

例如，個人電腦的CPU從英特爾的286歷經386，486，Pentum3，Pentum4，及雙核心晶片等不同世代，作業系統也經過了DOS，WIN95，WIN98，WIN2000，WINXP，及Vista，Win7等更替，每一次的升級都將

電腦的銷售量重新推上另一個高峰。

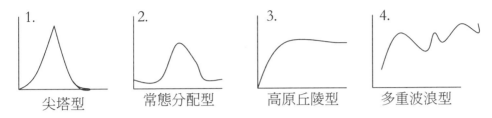

| 1. | 2. | 3. | 4. |
| 尖塔型 | 常態分配型 | 高原丘陵型 | 多重波浪型 |

 # 影響生命週期長短的因素

產品生命週期有的長有的短，影響生命週期長短的因素包括了以下幾種因素：

1.消費者需求及偏好改變

例如：蛋塔、俄羅斯方塊、時裝（像當年的喇叭褲、七分褲）……，都是在一陣熱潮過後，因為消費者需求或偏好的改變，導致產品銷售業績自高峰滑落。

2.替代品的競爭

由於有了新的替代品出現，同樣可以滿足客戶需求，甚至提供更多的客戶利益，使得消費者轉向購買替代品，例如載客的三輪車被計程車取代。呼叫器曾經是人手一機，但在手機出現後呼叫器的銷售量一落千丈。過去通訊主要依靠市內電話，然而當行動電話普及後，市話的營收也大幅下降；網路電話VOIP與即時通訊軟體如MSN的普及，也使得行動電話、市內電話業務明顯下滑。又如數位音樂及MP3的興起，使CD的銷售量受到明顯衝擊。

3.功能的加強與汰換

例如，前文提到PC硬體及軟體的升級，使得舊的產品加速在市場中被

汰換，產品生命週期因而大幅縮短。

4.新科技的出現

例如，錄影帶逐漸被VCD取代，VCD被DVD取代。又如電腦取代傳統打字機的打字功能。多功能事務機取代印表機、掃瞄器及傳真機的功能。照相手機及3G影像手機的出現，使傳統相機及數位相機受到嚴重威脅。電腦及電視機的螢幕多年以來都是採用CRT映像管的技術，近年已被TFT-LCD液晶螢幕及電漿電視等新科技取代，CRT螢幕的產品銷售量因此大幅衰退。

PLC各階段的特性與行銷策略

為了因應產品生命週期各個階段的變化，企業必須採取不同的行銷策略。

1.上市階段

產品剛上市時銷售量還很低，為了打開產品的知名度及拉高營業額，因此必須編列很高的廣告促銷費用，在這個階段主要的購買者是先期採用者，也就是一些樂於嘗試新產品或一些專業的玩家（例如當數位攝影機、平面電視等新產品上市時，即使價格偏高，專業的玩家仍願意花錢購買，以獲取一種領先時尚與風潮的滿足感）。

這時期的策略重點在於快速建立通路大量鋪貨，以大量廣告或促銷提高產品知名度，尤其是鎖定產品的先期採用者。

2.成長階段

在經過上市階段的行銷努力之後，產品的知名度打開，銷售量成長，競爭者陸續加入市場，整體市場規模進一步擴張。而且因為銷量擴大使單

位成本下降而有更佳的利潤（例如：LCD監視器、照相手機）。

　　這個階段的策略重點在於加強產品線，切入新的市場區隔及拉高市占率。

3. 成熟階段

　　到了成熟階段，因為潛在客戶幾乎都已經開發殆盡，成長率趨緩或者持平，整體產能有過剩的疑慮，競爭趨於激烈，每家廠商都必須從競爭者手中搶奪市占率（例如中華汽車早年以生產商用車為主，曾經擁有台灣商用車市場70%的占有率，因為中華汽車在商用車市場再成長的空間有限，於是侵入轎車市場，推出Lancer、Gallant等不同款式的轎車，也獲得不錯的成績）。

　　又如桌上型電腦、筆記型電腦及上下游零組件也都是屬於成熟階段的產業。

　　產品處於成熟階段的策略重點在於進行產品改善、刺激消費量，或者加強對通路商的誘因。

4. 衰退階段

　　當成熟產業中的競爭者太多而逐漸形成產品供過於求，這時各家廠商競相採行價格競爭而造成利潤降低，競爭力比較弱的廠商開始退出市場（例如：當年主機板與監視器廠商……皇旗下市，源興則被其它企業購併）。

　　衰退階段的策略重點：廠商會減少研發及生產投資，但維持行銷支出以維持銷售量與市占率，或採取逐步撤出市場的行動。

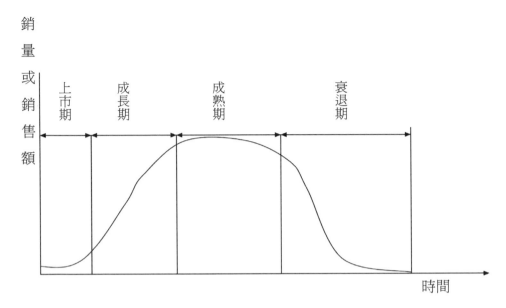

 # 因應產品生命週期的策略

如果一項產品已經處於成熟階段甚至進入衰退階段，一般會採取哪些因應策略來改變產品生命週期的走勢？

1.開發出新的目標市場

例如：嬌生嬰兒洗髮精促銷給成人使用。自行車如果仍然只固守交通工具的產品定位早就已經是長期衰退的產業，但是捷安特將自行車重新定位成一種運動及休閒的用品，成功開拓出一群熱愛自行車運動的族群。又如電腦的使用族群以上班族及學生為主，也是相當成熟的產品，但是近年有企業推出100美元的電腦，以極低廉的價格但是沒有一般電腦那麼複雜的功能，主攻上班族及學生以外的族群，由於價格低，且功能簡易，老人、家庭主婦甚至窮人都可能成為這種100美元電腦的客戶。

2.創造出產品的新用途

手錶的傳統功能是計時，但是目前的手錶除了計時以外，在廠商精心設計下，獨特品味的外觀與造型，已經使手錶成為一種裝飾品。又例如食品中的海苔，除了單獨食用以外也可以作為調味品或與其它食品混合成新的商品，像海苔餅、海苔醬，又例如：喫茶趣餐廳將茶葉作為各式菜餚及餐點的主要成份，都是為產品創造出新的用途，因此擴大了它的銷售量。.

3.增加產品新的功能

例如：呼叫器除了傳呼功能以外也增加了股票機、收音機、遊戲機等功能；新型的手機結合拍照功能，也可以上網及當作MP3收聽數位音樂。

4.增加產品的使用量

例如：乳品業者以廣告鼓勵消費者，除了早餐以外的時間也以牛奶作為一般飲料。或特別強調多喝優酪乳有益健康，藉此使消費者增加對乳品的每日攝取量。

又例如我們在大賣場、量販店中常見的大包裝量販價，誘使消費者為了享受低價而增加對產品的購買量。

5.產品改善

透過產品的改善、改良也是延長產品生命週期的一種策略，改善的方式包含以下幾種：

➡ 品質改進

例如：提升電腦的運算速度、增加產品的耐用性；以及食品口味的變化。

➡ 特性改進

例如：改變產品的尺寸、規格、重量、材質……，像電視及電腦的螢幕就常以改變尺寸或重量的方式推陳出新（華碩推出功能簡易尺寸僅7吋且

重量輕巧的EeePC，在市場上獲得極大迴響並掀起小筆電風潮）。

➡ 式樣改進

例如：推出新的包裝、款式或色彩。像清潔用品及食品飲料經常變換包裝；服飾業、鐘錶業、眼鏡業及汽車業經常推出新款式的產品。化妝品業者推出各種新色彩的眼影、唇膏、粉底，藉此吸引喜歡新奇多變的消費者，提升產品的銷售業績。

產品線相關的決策

♻ 1.產品線的意義

產品線指的是一群相關性很高的產品，它們可能是功能相似，或者是銷售給相同的顧客群，或者是經由近似的銷售通路販賣給顧客。

例如：寶僑集團就包含紙尿褲、衛生棉、洗髮精、沐浴乳……等眾多產品線。

➡ 產品項的意義

在特定的產品線之下，可能包含了多個產品的項目，簡稱為產品項。

例如：統一及味全的飲料產品線又包含了楊桃汁、柳橙汁、芭樂汁、番茄汁……等各種產品項。

➡ 品牌

品牌是企業為各產品項所取的名稱，以便於消費者指名辨認。

♻ 2.產品線的深度與寬度

如果一家廠商擁有多條產品線，我們說它擁有很「寬」的產品線，如果一條產品線之下有很多的產品項目，我們就說這條產品線有「很深或很長」的產品線深度。

產品線的寬度與深度是行銷經理必須思考的重要決策，也是企業與其

它競爭者展現差異性的重要因素。例如：東元有電視、數位週邊、冰箱、冷氣、除濕機、洗衣機等產品線，但產品線的深度多半比較淺，可供挑選的款式比較少；大同公司光是家電系列就包含：冰箱、冷氣、洗衣機、電視、電扇、電鍋、微波爐，及果汁機、烤箱、烘碗機等各種小家電，無論在產品線的寬度與深度都超過東元。

擁有很寬的產品線可以讓企業成為全產品系列的廠商。至於產品線較窄的廠商則必須加深產品線的深度，走單一產品專精的路線。如果以零售通路商為例，量販店就擁有「很寬」的產品線，專門店則擁有「很深」的產品線。

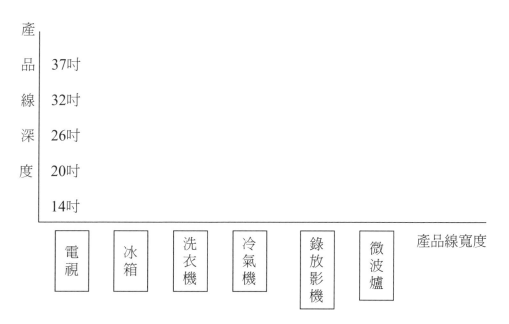

♻ 3.產品線延伸、更新與刪除

➡ 產品線延伸：

產品線延伸有水平延伸和垂直延伸兩種方式。水平延伸是增加產品線的數目（也就是寬度的延伸），垂直延伸則是在某一產品線中增加產品項

目（也就是深度的延伸）。

例如：中華汽車原來以商用車為主，後來延伸Lancer，Gallant，Virage等轎車產品線；是屬於水平的延伸。

而裕隆的轎車產品線早期以1600c.c.以上車輛為主，後來延伸了March（Verita）1300c.c.的小型車以及Cefiro2000c.c.與3000c.c.的房車，是在轎車產品線上作了垂直的延伸。

麥當勞除了漢堡之外一度還販賣飯食；7-11超商的產品線，從飲料、泡麵、罐頭食品、簡易日用品，到雜誌、關東煮、便當、漢堡及年菜，甚至推出代收帳款及配合電子商務交易的取貨收款服務，可以說只要是能夠讓消費者感受到便利的商品或服務的，都是7-11可能延伸的範圍。

➡ 產品線延伸的目的

企業進行產品線延伸有以下幾種目的：

① 攻擊性的目的

為了追求整體業績的成長與市占率的擴大，或者讓產能達到完全的發揮，必須擴增新的產品線。例如：中華汽車由商用車跨入轎車市場以及鴻海將代工領域由連接器延伸到機殼、準系統、手機，及消費性電子。

② 防禦性的目的

企業有時候進行產品線延伸是為了防堵競爭者的入侵，例如汽車廠商推出1300、1600、1800、2000及3000c.c.的全系列車款，可以避免因為產品線有空隙而讓顧客轉向競爭對手購買產品。又例如：消費品廠商如果能提供更完整的產品線，一方面可以滿足消費者及通路商的要求，另一方面可以在通路賣場中佔有更大的產品陳列面積，相對地可以壓縮競爭產品的陳列空間。

③ 產品線更新與刪除

身為行銷經理，必須經常檢視旗下產品線的營收與獲利情況，以決定

是否進行產品線更新與刪除的決策。

　　製造廠商通常會根據每一條產品線的產能利用率、製造成本與費用率、代工毛利率等指標來評估是否對產品線更新與刪除。

　　零售通路通常會依據每一種商品的銷貨量、毛利率、週轉率來決定是否更換商品。百貨公司也會以「坪效」（也就是每坪營業面積所創造的營收），或者依據毛利率，租金或佣金抽成率來評估是否要調整各專櫃的商品結構、營業面積或甚至更換專櫃廠商等決策。

♻ 4.波士頓矩陣與產品線決策

　　波士頓矩陣（Boston Consulting Group，BCG）是由波士頓顧問群提出的分析工具，它可以用來分析產品線所處的地位，據以做出維持、更新或剔除的決策。

　　波士頓矩陣運用一個縱軸代表營收成長率，橫軸代表市場占有率的矩陣圖，將企業的事業或產品分成四種類別，分別稱為金牛、明星、問題兒童及落水狗。

➡ 金牛（Cash Cow）

　　金牛的另一個名稱是搖錢樹。

　　如果企業的事業或產品擁有很高的市占率但成長率已經偏低，我們可以將它歸類為金牛，它代表這個產品已經處於產品生命週期的成熟階段，因此很難再有高的成長率，但是因為企業在同類產品中擁有很高的市占率，因此可以為企業持續帶來可觀的利益，所以稱它為金牛或搖錢樹。

　　對於歸類為金牛的產品或事業，企業應採行「收割」的策略；也就是不再投入太多的研發及行銷成本而坐收高市占率所帶來的現金收益。

➡ 明星（Super Star）

　　如果企業的產品擁有很高的成長率及很高的市占率，可以將它歸類為明星產品。對於歸類為明星的產品或事業，企業應採行「培養」的策略，

持續投入資金以維持高成長。

➡ 問題兒童（Question Mark）

　　如果企業的產品擁有很高的成長率但卻只有很低的市占率，我們將它稱為問題兒童，大部分新產品或新事業一開始的時候都屬於這一類，未來的成敗仍難以預料，因為前途未卜，所以將這種產品或事業稱為問題兒童。

　　對於屬於這一類的產品，由於市占率偏低，企業應該採取的是積極擴大市場占有率的策略。

➡ 落水狗（Dog）

　　如果企業的產品擁有很低的成長率及很低的市占率，可以將它歸類為落水狗產品，它代表未來的成長性難以期待，在市場上的相對占有率偏低，因此企業對這類產品應採取「剔除」的策略。

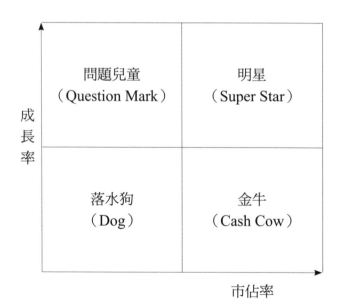

■ 波士頓矩陣

品牌決策

在談過產品線相關的議題之後，接下來談的是品牌的決策。

1.品牌的由來

當消費者走進量販店時，面對的是數萬件甚至數十萬件各式各樣的商品，即使同一類的商品也有多達數十種或上百種的品牌，這時候消費者如何決定選擇哪一個品牌的商品？當商品的價格沒有顯著的差異性時，消費者通常會購買他們最慣常使用或最熟悉的品牌。

品牌的概念是在十九世紀末二十世紀初開始發展，當時從事手工藝的工匠會在他們的作品上留下註記，作為自己獨特創作的象徵；而在西方牧場的主人為了辨識自己的牛羊，會在它們的身上留下烙印，作為標示自己財產的方法。日後隨著零售業的成長和普及，廠商為每一種商品取名稱，或用特殊的文字圖案來標示商品成為普遍的趨勢，這也就是品牌的由來。

2.品牌的意義與組成要素

根據美國行銷協會（American Marketing Association）的定義，品牌是一個「名稱，術語，記號，設計，或者是它們的共同結合」。

品牌可能以下列方式呈現：

➡ 文字

例如：IBM，Nike，SKII，BMW，Yahoo，eBay，Nokia，BenQ，Fedex，Coke Cola。

➡ 圖案

例如：麥當勞的金拱門，肯德基的桑德斯上校，騎在馬上打球的POLO衫，Johnnie Walker的「邁步向前的紳士（Striding Man）」，保誠人壽的女神，ＵＮＩＣＯＲＮ的獨角獸，玉山銀行的山峰，波爾茶的翹鬍子漁夫，Puma的獵豹，雨傘，鱷魚……等等。

➡ 文字與圖案的組合

例如：加上鉤形的Nike，Motorola加上M形圖案的商標。

➡ 象徵物

例如：大同寶寶，萬寶路的牛仔，麥當勞叔叔，迪士尼的米老鼠及唐老鴨。

➡ 標語（Slogan）

標語有時候也能構成品牌的一部分，例如麥當勞的「I'm lovin it」常伴隨麥當勞的logo出現。

其它廣為人知的企業或品牌標語：

遠傳電信：只有遠傳，沒有距離

中國信託：We are family

中華航空：相逢自是有緣，華航以客為尊

Nokia：科技始終來自於人性

新萬仁製藥：新萬仁關心千萬人

伯朗咖啡：品味卓絕，伯朗藍山咖啡

全國電子：全國電子足感心

家樂福：天天都低價

華碩：華碩品質，堅若磐石

海尼根啤酒：就是要海尼根

瑞穗鮮乳：來自純淨，天然香醇

7-11：您方便的好鄰居

Lexus汽車：專注完美，近乎苛求

麥斯威爾咖啡：好東西要和好朋友分享

Konica軟片：它抓得住我

……

3.品牌的功能

品牌包含了以下幾項功能：

對消費者而言——

- 便於消費者指認並且與其它廠商的商品有所區隔。

- 根據過去的產品使用經驗，學習認識品牌，了解哪些品牌可以滿足他們的需求，哪些則否。

- 因為對品牌已有認識，可以減少搜集和比較產品資訊所花費的成本。

- 因為某些品牌會讓人聯想到是由特定的人所購買與使用，因此品牌可以成為一種象徵，讓消費者藉著使用的品牌展現自我意像，例如：保時捷汽車代表的是一種有錢的雅痞風格。

- 品牌代表的是一種品質的承諾與保證，對於一個在市場上已經有口碑的品牌，消費者可以相信它的品質並安心購買，而且較不會有購買後產品不符期望或因為產品瑕疵所產生的風險。

對廠商而言——

- 便於製造商及零售商的產品管理，也便於消費者的指名購買。

- 品牌可以合法保護公司產品的獨特權益。

- 便於行銷廣告的訴求以及行銷活動的執行（例如：銀行推出的「救急卡」；「減擔償」等金融商品或貸款，可以從名稱就一目了然而且便於記憶）。

- 一個好的品牌可以吸引消費者重覆購買並且建立對品牌的忠誠度。

- 廠商如果擁有優勢的品牌可以成為行銷上的利器，增加對通路商談判的籌碼。（例如要求較好的商品陳列位置，較低的經銷佣金等通路成本，以及較好的付款條件等等）

- 優勢品牌也可以成為一種防堵競者者入侵的武器，因為為了建立品

牌而長期投入的高額成本會嚇阻競爭者跟進。

♻ 4. 任何東西都可以冠上品牌

並不是只有一般的商品才有品牌，事實上任何東西都可以冠上品牌，例如：

➡ 企業

像IBM、HP、DELL、華碩，既是商品品牌也是企業品牌。

一家經營成功的企業，它們本身的實力、經營績效、產品品質都容易被社會大眾認同，例如，有些顧客會特別偏愛某些建設公司所蓋的大樓，這是因為企業本身就是消費者心中最佳的品牌。像華碩的口號「華碩品質，堅若磐石」，就是將企業的實力，形象和產品緊緊結合密不可分。

➡ 零售通路

零售通路也可以成為一種品牌，例如：沃爾瑪是全球名列前茅的超大型零售通路，在消費者心中，「沃爾瑪」所代表的就是商品物美價廉的超級量販店；在台灣，尤其是台北都會區，SOGO是多數消費者心中最熱門的百貨公司，也是許多廠商希望爭取設櫃的強勢通路。

➡ 組織

許多非商業的組織它們的名字也被社會大眾所熟知，而且因為它們長期的作為已經在大眾心中累積了鮮明的印象而獲得高度認同。

例如：紅十字會、慈濟、創世基金會，它們的名稱就是一種品牌，也得到社會大多數人的認同與支持，因此在921大地震時，慈濟所收到的捐贈遠高於其它團體甚至政府機構。

組織有時也代表一種身份的認同，例如：共濟會、扶輪社、獅子會、國際青商會。加入這些組織代表這是一群具有相近理念、動機與相似社經地位的成員所共同組成的團體。

組織也有負面的品牌效果，例如：納粹代表的是極權、殘暴及種族迫

害；「蓋達」代表的則是激進的恐怖主義。

➡ 人物

　　各行各業中的傑出人物也成為一種品牌，不論是他們的產品、創作、表演，或者經營的績效都被一般大眾認為代表了一定以上的水準，所以只要是他們的作品、產品或者演出，都能獲得很高的支持度。

　　例如：電影界的法蘭西斯科波拉、史蒂芬史匹柏、李安、希區考克，運動界的喬丹、老虎伍茲、費德勒、王貞治，設計界的凱文克萊（Calvin Klein）、ARMANI、三宅一生，台灣音樂界的江蕙、張惠妹、蔡依林等等，在他們專業的領域都代表一種被高度認同的品牌。

➡ 電影娛樂

　　電影娛樂也可以形成品牌。

　　例如：膾炙人口的「魔戒」、「哈利波特」、「教父」、「終極警探」、「魔鬼終結者」、「007系列」、「星際大戰」、「不可能的任務」等系列電影，這些電影名稱（包含它的背後製作群及主要演員）已經成為一種保證電影票房的品牌，所以當它們的後續電影要推出前，都會在影迷群中激發起熱烈的討論與期待。

➡ 地理環境

　　地理環境也可以被形塑成一種品牌，例如：大陸的知名景點九寨溝、張家界、黃山、桂林，在許多遊客心中是極具吸引力的旅遊勝地，所以只要是涵蓋這些景點的旅遊行程都能獲得旅行團及遊客的喜愛。

　　甚至建築也可以成為品牌，例如：聞名世界的羅浮宮、金字塔、萬里長城，都是深具歷史文明或藝術價值的經典建築。

♻ 5.品牌的命名

　　品牌的名稱有很多種形式，常見的有：

➡ 人名

有些產品會以其設計者或創辦人作為品牌名稱，例如：雅詩蘭黛（Estee Lauder）化妝品；亞曼尼（Giorgio Armani）服飾；希爾頓（Hilton）飯店；Burberry精品都是以人名作為品牌名稱。

➡ 地名

由於某些地區的產品具有強烈的特色與高度的評價，因此常會將品牌冠上地名，例如：台灣屏東的萬巒豬腳、金門高粱、青島啤酒、大溪豆乾、廣東苜藥粉……。

➡ 動物

例如：鱷魚休閒服、捷豹JAGUAR汽車、企鵝服飾等等。

➡ 植物或水果

例如：Apple蘋果電腦、白蘭洗衣粉。

➡ 其它的事物

例如：Ivory象牙肥皂、Swatch帥奇手錶。

➡ 以公司名稱作品牌

例如：IBM、Intel及華碩、統一、黑松都以公司名稱當作品牌名稱。

➡ 以經過設計的文字作品牌

例如：幫寶適（Pampers）、舒潔、好自在、靠得住……。

命名的方式當然不只是上述的類別，在為品牌命名時應該注意以下幾項原則：

➡ 好記

名字要好記就不能取得太通俗或太沒有特色，像蠻牛就很容易記且可傳達商品的功能與特色，達美樂披薩則以「打了沒？」的諧音來加強消費者對品牌的記憶。

➡️ **好唸**

品牌名字應該簡潔有力,而且容易發音不會讓人唸起來很拗口。

➡️ **避免不雅的諧音**

不雅的諧音可能是罵人的髒話或讓人有不吉利的聯想,這樣的字眼必須絕對避免。

➡️ **最好從名字就顯示出商品的特質與功能**

有一些品牌名稱就具有這樣的特色:例如:汰漬洗衣粉、落健洗髮精、一匙靈洗衣粉、飛柔洗髮精、伏冒錠、克風邪、威而剛。另外像萬泰銀行的現金卡George & Mary,其中的「George」就是近似中文「救急」的諧音,指的是現金卡有救急的功能。海倫仙度絲的英文「Head and Shoulders」意思就是「解決你頭髮與肩膀上的困擾」,「Lexus」汽車讓人和「Luxury」(豪華)產生聯想,「Acura」汽車則是影射「accurate」精確的,精密的品質形象。

這些品牌名稱,從字義或發音就可以立即了解商品的特色與功能,因此可以說是相當成功的命名。

♻️ 6. 製造商品牌、通路商品牌

接著要談的是製造商品牌與通路商品牌。

➡️ **製造商品牌**

製造商生產產品有兩種情況,一種是為了自己在市場上銷售而生產,另一種是替別人代工(OEM),當產品製造出來後就將產品交付給委託者。

如果是為了自己在市場上銷售而生產的產品,製造商多半會以自己的品牌在市場上行銷,我們稱它為製造商品牌,例如:日立、聲寶、新力、大同都是知名的製造商品牌。

也有些製造商會採取自有品牌與代工生產的雙線策略,一方面接受其

它廠商的委託，為它們製造產品，另一方面也將自行生產的產品以自有品牌在市場上銷售。像華碩、倫飛、明基等資訊大廠，都曾採用品牌與代工並行的策略。

不過採行這種策略常會面臨一種風險，就是委託製造的原廠會認為代工廠有了自己的品牌，等於在市場上成為直接的競爭者，為了避免產品的機密被代工者掌握或竊取，因此有可能撤回委託製造的單子（也就是抽單），委託代工的生意也就會因此泡湯。

➡ 通路商品牌

一些大型的通路商，除了販賣各家廠商的品牌之外，也可能有部分商品冠上通路商自己的品牌名稱，例如：家樂福、大潤發及賣化妝保養品的莎莎（SASA）都有部分商品打上自己的品牌。又如傳銷公司Nu Skin大多數的商品是委託製造再冠上Nu Skin的品牌，全球超級量販業者沃爾瑪Wal-Mart的電腦也曾委託國內的資訊廠精英公司代工。

2010年統一超商7-11推出的平價自有品牌「7-SELECT系列」涵蓋飲料、零食餅乾、個人化冷凍食品、洗衣粉、洗髮乳、抽取式衛生紙、雞精、蜆精和人蔘飲等超過100個品項。委託代工的廠商則以國內外大廠及中小型企業為主。除同集團的統一企業外，也找維他露、華元、新東陽、美珍香、旺旺代工。7-11對自有品牌商品期望達到「便宜市價一至三成」或是「增量一至三成」的目標。

通路商品牌若過度發展，可能會壓縮其它供應商品牌的上架空間，而且像7-11自有品牌採低價策略，勢必與其它品牌形成直接的衝突與競爭。

♻ 7.家族品牌與個別品牌決策

如果廠商的產品不只一樣，廠商必須考慮是要為每一種產品各別取一個品牌名稱，還是大家都能有一個共同的品牌名稱？

如果每一種產品各別取一個品牌名稱，稱之為「個別品牌」；如果是

大家有一個共同的品牌名稱，則稱之為「家族品牌」。

最常見的家族品牌，就是將產品品牌前面都冠上公司的名字，例如：大同電鍋、普騰電視、統一豆漿、光泉鮮奶、泰山仙草蜜、悅氏礦泉水、嬌生洗髮精及Nokia系列手機……。

個別品牌也有許多知名的例子，例如：海倫仙度絲、多芬、Lux；（這些品牌是屬於聯合利華、寶僑、耐斯等企業旗下，但在品牌名稱中卻通常看不到企業的名字……）。

個別品牌之下的產品如果又細分為好幾類產品項目，個別品牌的名稱也可以轉變成家族品牌的名稱，例如多芬洗面乳之後又有洗髮乳、沐浴乳，「多芬」這個名稱就成為個人清潔產品系列的家族品牌。

➡ 全部商品都共用家族品牌

例如：SONY、TOSHIBA的家電；黑松公司的沙士、汽水都是將品牌冠上公司的名稱。那麼，採用家族品牌有什麼優點和缺點？

優點：

所謂大樹底下好乘涼，因為冠上了家族品牌，有公司的名稱或家族的名稱背書與撐腰，就無需為個別產品另外花費廣告支出建立品牌的知名度，對於剛進入市場的新產品可以比較不費力就能有不錯的銷售業績。

缺點：

如果公司的產品種類多而且彼此之間性質差異大或價格品質懸殊，則採用家族品牌容易拖累高價位高品質產品，使品質形象難以突出。

➡ 個別品牌

相對於家族品牌所採用的母雞帶小雞策略，個別品牌則是不強調公司或家族，而只突出商品本身的品牌，例如：舒跑、維大力、一匙靈、飛柔、多芬……等等。

採用個別品牌的優點是消費者不會將特定品牌的成敗或喜惡與公司聯

結在一起，而且對不同等級與品質的商品採用不同的品牌，比較不會損及高級品的形象與定位。

➡ 家族結合個別品牌

另一種折衷的方式是將公司名稱與個別產品名稱結合。

例如：光泉晶球優酪乳、統一AB優酪乳、大同黑蝶龍電視、東元雙胞胎冷氣、東元大鮮綠冰箱……等等。

這種品牌名稱的好處，是既在名稱中帶出了公司或家族的名稱，又為個別產品另外取一個專屬的品牌名稱，既可顯示家族的共通性，又可突顯個別產品的獨特性。

當然一家公司的產品，並不是只能在家族品牌或個別品牌之間二者擇一，事實上很多公司會同時採用家族品牌與個別品牌的策略，例如黑松公司的飲料就既採用家族品牌又採用個別品牌，像黑松汽水、黑松沙士是家族品牌，在咖啡類飲料中則有歐香、韋恩、畢德麥雅等個別品牌；果汁類中則又有綠洲果汁的品牌。

♻ 8.多品牌策略

如同以上舉的黑松在咖啡飲料中有數種品牌的例子，有時廠商在同類產品中發展兩個以上品牌，是基於以下的目的：

➡ 可在零售通路中獲得更多的商品陳列空間

零售商對於每一品牌所提供的陳列面積有一定限制，如果多一種品牌，在零售通路的貨架中就能多爭取一些陳列商品的面積，相對也壓縮了競爭品牌的陳列面積。

➡ 以多種品牌抓住不忠誠的游離消費者

雖然多數人有品牌偏好，但對單一品牌死忠而堅持不更換品牌的消費者是非常稀有的少數，廠商對同類商品推出多種品牌，可以抓住消費者喜新厭舊的心理，滿足他們求新求變的需求。

➡ 各個品牌可以有不同的定位及策略，藉以吸引不同的市場區隔

廠商推出多種品牌的另一個目的是藉著不同的品牌來吸引不同市場區隔的顧客，例如：日產汽車以March主攻年輕人，第一次買車且收入較低的族群，New Centra爭取中產階層的上班族，Cefiro則搶攻企業老闆與高階經理人的市場。

➡ 以第二品牌迎戰競爭者品牌

高級品牌有時會面臨低價品牌的挑戰，雖然品質是重要的，但是如果低價品牌的價格誘因很大，難免有一些消費者會為了低價而轉換品牌；此時高級品牌無論採取暫時性降價或長期性降價都不是很好的策略，因此推出價格較低的第二品牌迎戰競爭品牌或許是可以考慮的方案。

➡ 以兩種以上的品牌刺激企業內部競爭與成長

企業也可能為了刺激內部的競爭與成長，而對同類產品採用多品牌的策略，像聯合利華、寶僑家品都是以產品經理制甚至品牌經理制而聞名，每一個品牌經理對他管轄的品牌負有相當大的權責，為了自己所經營品牌的績效，品牌經理必須卯足全力積極爭取內部資源以及做好產銷協調，這種績效的壓力與誘因，可以激發品牌經理挑戰更高的營運績效。

♻ 9.品牌的相關概念

➡ 品牌資產

品牌資產也有人稱為「品牌權益」，是1980年以來在行銷界興起的重要概念，不過在學術界或實務界對品牌資產的定義仍然很紛歧，簡單的說，品牌資產代表了從過去到現在，企業在品牌行銷上持續投資而為品牌所創造與累積的附加價值。

品牌資產可能來自於以下幾點：

➡ 品牌知名度

雖然品牌的知名度不一定就會轉化為實際的銷售數字，但是知名度高

的品牌，被消費者記憶、辨認及選擇的機率會遠高於知名度低的品牌。

➡ 品牌形象

知名度高的品牌，並不見得在消費者心中就一定擁有正面的評價，例如很多知名度高的藝人或政治界名人在一般社會的評價卻是負面的，所以品牌形象必須是正面或至少不是負分才能成為品牌的資產。

➡ 品牌聯想度

品牌聯想是指當消費者被提示某一個品牌的時候，消費者會對這個品牌產生哪些記憶點或將它與哪些特質聯結；這些聯結點可能是物理性的，例如：凱迪拉克的車長，也可能是功能性的；例如：落健的生髮以及預防禿頭；或者是心理性的；例如勞斯萊斯的豪華、Volvo的安全。

對某個品牌的聯想可能不是單一的點，例如：提到麥當勞，你可能會聯想到金色的拱門、方便、乾淨、小孩子的歡樂來源等等，但也有人會聯想到高熱量以及肥胖；可口可樂可能讓你聯想到年輕、活力、舒暢以及像海灘比基尼女郎一般的清涼。

一個品牌如果能在消費者心中有許多聯想的節點，而這些點又是廠商期望消費者記憶的，那麼就有助於品牌正面形象的建立。

➡ 品牌偏好度

擁有正面的品牌形象還不足以讓消費者對品牌產生偏好，因為消費者可能對好幾個品牌都有正面的評價，而且這還牽涉到消費者的購買力問題，例如多數人都對賓士汽車有高度評價，但未必人人都有能力購買，而且有能力購買的人也可能偏好其它廠牌的同級車。

➡ 品牌忠誠度

品牌忠誠度代表的是，當消費者要再次購買同類產品時會重覆選擇同一種品牌的機率，機率越高也就代表忠誠度越高。

一旦某一個品牌擁有為數可觀的忠誠消費者，品牌資產的價值自然也隨著提升。

➡️ 品牌資產的利益

擁有品牌資產可以為廠商帶來下列的利益：

① 較高的品牌溢價

一個擁有高知名度及高品牌忠誠度的強勢品牌，通常會擁有高於一般水準的利潤，我們稱它為品牌溢價。

例如：SKII，海洋娜拉等高價位的保養品，因為消費者對品牌的偏好與忠誠，即使價格高於一般保養品仍然有許多女性趨之若鶩，這也讓廠商可以享有更高的獲利空間。

② 較低的價格彈性

所謂較低的價格彈性，是指即使價格調漲，也不會造成銷售量的明顯下降。

這當然也是源自於消費者對品牌的偏好與忠誠，因此即使這個品牌價格調漲也不會使消費者減少購買或轉向其它的品牌。

例如：2010年許多台商看好兩岸簽訂ECFA後的經濟情勢，大舉將資金匯回台灣，不僅大手筆買高級精品頂級跑車，更以一坪近150～200萬元的天價買下一品苑、帝寶等知名豪宅，因為在這些富豪心中，這些豪宅在市場上擁有極高的品牌價值，越是高價越顯示其稀有與珍貴。

③ 較強的通路合作與支持

產品擁有高的品牌資產，也能得到通路商較多的合作與支持，例如，在最低進貨量、進貨價格、商品陳列位置、商品上架費、廣告配合、營收抽成、結帳票期等各方面都能獲得比較好的條件。

④ 較佳的行銷溝通效果

擁有高知名度的品牌，在與消費者進行各種行銷溝通時，通常能夠獲得比較多的注意及比較好的廣告效果，例如，一個強勢品牌像iPod或Wii的商品發表會常能匯聚強大的人氣，如果有降價促銷活動也經常能創造非常高的買氣。

⑤ 可能的加盟特許商機

擁有品牌資產的另一項潛在利益，就是可以授權他人加盟，而成為加盟總部的好處包括了：

- 賺取加盟者的權利金。
- 快速的展店，掌握更多的通路。
- 來自於加盟者穩定的進貨採購。

例如，麥當勞、85度C、7-11、住商不動產，都因為擁有品牌資產而能夠從授權加盟中獲取更大的利益。

⑥ 有利於品牌延伸

如同前面提到的家族品牌策略，一個品牌如果具有很高的品牌資產，那麼當它要進行品牌延伸時，不須花費太高的行銷成本，就能以母雞帶小雞的方式，讓新的產品順利上市。

10. 品牌延伸策略

當一家公司要推出新的產品，它可以用三種方式來為新產品選擇品牌名稱。

- 發展新的品牌名稱。
- 運用現有的品牌名稱。
- 結合新名稱與現有的名稱。

當公司選擇用現有的名稱進入新的市場，就是「品牌延伸」。

當某一個品牌已經在市場獲得肯定，並且創造了不錯的銷售業績，這個品牌就成為一項有利的行銷資產，藉由這個既有的品牌基礎，可以帶動新產品或跨越到新的產品類別。

例如，聯合利華公司在洗面乳市場推出多芬品牌並攫取相當的市占率後，又陸續推出多芬沐浴乳及多芬洗髮乳。

不過在進行品牌延伸時，必須考慮原品牌在消費者心中建立的品牌印

象與品牌價值是否可以順利移轉到不同品類的商品。

例如，多芬洗面乳和沐浴乳一再強調的滋潤及含有豐富乳霜的訴求，在轉移到洗髮乳時可能會與清潔的功能牴觸，讓消費者懷疑它的洗髮乳會油膩洗不乾淨。因此沿用原品牌到新的品項時，原品項的優點能否轉移到新品項或至少不產生負面聯想，是行銷人員在品牌延伸時必須謹慎評估的議題。

如果要採取品牌延伸策略，必須把握幾項前提：

- 該品牌在原來的品類中夠強而且跨品類時仍然可以強化品牌的核心價值，不能混淆或傷害原來的主力商品（例如，如果伯朗咖啡賣汽水可能會造成品牌的混淆）。
- 跨品類商品和原商品是否有很強的聯結性，可以用類似的廣告手法加強消費者對商品的記憶與認同。

品牌延伸是兩面刃，它可以用很少的行銷成本讓新產品順利上市並帶來可觀的銷售業績，但是如果運用不當，也可能會傷害原品牌的形象，所以行銷人員在進行品牌延伸前必須詳細評估它的利弊得失。

11. 自創品牌之路

台灣的企業有很多是為國際知名的大廠代工起家，這種現象在傳統產業，資訊業，以及通訊業可說非常普遍。

例如寶成工業為Nike、Adidas、Converse、Reebok等鞋業代工，台積電、聯電、華宇、廣達等資訊大廠也都是國際知名大廠重要的生產伙伴，在它們全球的產銷供應鏈中佔有非常重要的地位。

但是代工終究是一個無根而且充滿不確定的經營模式，因為一旦代工的客戶抽單，或者有其它技術能力相當的代工廠商搶單，代工業者馬上陷入營收嚴重衰退的經營危機，而且代工所能賺取的只是利潤微薄的代工費，真正可觀的利潤還是在那些擁有全球知名品牌的大廠身上。

因此有許多企業在代工多年之後,會逐漸走上自創品牌的道路,但是自創品牌的過程非常艱辛,其可能面臨的問題包括了:

➡ 品牌大廠的反對與抵制

一旦品牌大廠知道代工業者有意自創品牌,很可能會將代工業務轉向其它的代工業者。因為它們不希望把代工廠養大之後反而成為自己的競爭對手。

➡ 關鍵技術或零組件的掌握

品牌大廠一般都會掌握關鍵技術或零組件,而不願意輕易釋放給代工廠,所以除非代工廠自己有能力掌握關鍵技術或自製零組件,否則要自創品牌相當困難,例如裕隆汽車多年來一直是日產在台灣的最重要生產夥伴,但是許多關鍵技術或零組件仍然由日產掌握,裕隆為此曾經自行設立工程中心研發飛羚101、102及精兵車款,但最後仍然宣告失敗(註:2010年裕隆集團重新推出全新自創品牌的智慧型房車——LUXGEN納智捷,上市後風評不錯,並獲准在大陸生產)。

➡ 行銷上的障礙

自創品牌因為在初期品牌知名度幾近於零,不僅終端客戶可能不捧場,甚至可能連通路商都未必看好與支持。

自創品牌還須面對國際品牌大廠的強大競爭,行銷費用非常龐大而且驚人,像宏碁很早就走自創品牌的道路,但卻慘遭滑鐵盧,在多年以後才以Acer品牌成功行銷全世界。

除了行銷成本高昂之外,品牌大廠在行銷上的抵制也是一大威脅,例如,要求重要的通路商或零售商不得販售代工廠自創的品牌,也會增加自創品牌的困難度。此外,自創品牌必須非常了解國際市場的文化、地理與心理等環境因素,這些都必須耗費許多金錢與人力才可能達成。

雖然自創品牌之路充滿艱辛,不過目前台灣也有不少成功的案例,例如:華碩的Asus筆電、宏達電的HTC手機、巨大機械的Giant(捷安特)自

行車、趨勢科技的PC-Cillin防毒軟體、正新橡膠的MAXXIS輪胎、法藍瓷的「Franz」藝術瓷器……等，都在世界上擁有很高的品牌知名度，並且在相關產業中具有舉足輕重的地位。

品牌價值V.S.山寨文化

建立品牌價值幾乎是所有行銷工作者奉行不渝的一種信念，但是自2008年起，中國內地掀起的山寨文化成為一種趨勢一股浪潮，幾乎顛覆了這樣的信念。

「山寨」原是中國古時盜匪嘯聚山林所建立的基地，早期在香港一些無法自己設計專替外國品牌生產的中小型工廠被戲稱為「山寨廠」，後來被引伸專指那些沒有自主設計、創新能力，專以仿冒其他知名品牌低價行銷自家產品的工廠，它們所生產的產品如手機則被稱為「山寨機」。由於山寨手機具備該有的基本功能但價格相當低廉，因此廣受中低收入的消費者喜愛。

由於大陸對智慧財產權的立法保障不足，山寨現象幾乎存在於各行各業，甚至到後來連一些知名的大型代工廠也生產無品牌的山寨產品銷售給消費大眾。目前市場上呈現品牌與山寨並存的現象，影響所及，連一向重視品牌的台灣市場也充斥山寨產品而且銷售業績還不錯。

除了資訊，通訊與家電產品充斥山寨產品，台灣一些知名的餐飲、小吃店品牌也在大陸遭到盜用，例如，「鼎泰豐」及士林夜市極負盛名的「豪大雞排」，其店名、商標或者被他人搶先註冊或者被近似的店名商標魚目混珠，導致這些品牌的本尊要打入大陸市場時橫生許多阻礙與糾紛（註：豪大雞排欲至大陸開設分店及招收加盟店，但因店名已遭他人先行註冊，只能以「正豪大雞排」另行註冊）。

Chapter 3

訂價策略

這一個單元所要談的是行銷4P中的第二個P——
「**Price**」,訂價策略。

Price

Lesson **1**
訂價的目標

　　任何一個組織或個人為他人提供產品或服務時，除了無償的捐贈或救濟以外，應該都會要求相對應的金錢報酬，這就是對方購買你的產品或服務時支付的價格。

　　價格幾乎可說無所不在；買房子要支付房價，租屋要付租金，吃飯要付帳，看病要繳健保費或醫藥費，受教育要繳學費，參加俱樂部要繳會費，向銀行借錢要支付利息，公司聘用員工要支付工資，這一切都是獲得產品或服務必須支付的價格。

價值（Value）與價格（Price）

　　價值（Value）和價格（Price）有什麼不同呢？

　　價值是主觀認定的，價格則是由市場上的供給與需求所決定，或者說是由購買者與銷售者彼此協商而訂定。

　　同一樣產品在不同的消費者心裡所認定的價值並不相同，有些人認為

花幾十萬買一隻名錶是值得的,有些人則認為他即使有錢也不會花上幾十萬去買一隻手錶;這就是每個人對商品的價值有截然不同的看法。

當個人認定某一個產品的價值大於或等於價格時,他會覺得價格合理或物超所值,因此而願意付費甚至超額購買;反之,如果個人認定某一個產品的價值小於賣方所訂的價格時,除非迫於情勢,例如附近就只有這家店賣此產品,否則在正常情況下他就不會購買產品。

既然任何有償的產品或服務都有價格,那麼價格該如何訂定呢?

在訂定商品價格之前,企業的負責人或行銷決策者應該先釐清訂價的目標,也就是藉著這樣的訂價希望達到什麼樣的目的,一般而言,有以下幾種不同的訂價目標:

追求每單位產品的最高利潤

如果目標是希望銷售每單位產品時能獲得最高的利潤,那麼一種可能的方式就是將價格訂在較高的水準,但是廠商不能漫天開價,而是要將價格設定在消費者所能接受的最高上限。不過必須注意的是,雖然高價可以讓每單位產品獲得最高的銷貨利潤,但是卻可能降低了產品的銷售量,因此總利潤未必能夠最高。

(註:藉由訂定較高價格以獲得每單位最高利潤的策略就是後段文中將談到的「榨取市場訂價」,如果顧客對產品有特殊的情感或高度的忠誠度,即使訂定較高的價格也不會造成銷售量的明顯下降。)

追求更高的銷貨收入

這個目標不在於每單位產品的最高獲利,而在於追求更高的營收,為達到這個目標,可能會增加成本,例如廣告支出、新產品研發支出、銷售獎金以及經銷通路的佣金等等,這些支出都是為了創造更高的營收,但也

可能降低了利潤。

奪取更大的市場占有率

如果目標是為了從競爭者手中搶奪更高的市場占有率，廠商可能會犧牲銷貨利潤以低價掠奪市場。有些產業中的龍頭廠商也會採取大幅降價的行動來逼迫競爭者跟進，有些中小型廠商的成本結構無法忍受大幅度的降價，可能因此被迫讓出部分市占率或者完全退出市場。

反制或防堵競爭者的侵略行動

有時候廠商的訂價是為了因應競爭者的挑釁，必須採取調整價格的策略來避免顧客的流失，甚至採取更具侵略性的價格給予反制，所以這時候所要著眼、重視的是緊盯競爭者的價格策略。

Lesson **2**
各種訂價策略

為了達成訂價的目標，一般而言有以下各種訂價的策略：

榨取市場訂價

榨取市場訂價又稱為「榨脂策略」，這種策略是賣方試圖將價格訂在相當高的水平，以獲取每一件商品最高的銷售利潤，就像榨取油脂一樣，希望能從消費者身上榨出最多的利潤。

通常這種策略適用在下列的情況：

1.新上市的商品

針對喜新厭舊而且對價格敏感度低的消費者，例如一些資訊商品或家電音響的廠商，針對玩家級的消費者推出新產品，通常這類消費者喜歡嘗試新商品，比較不會考量價格因素，因此商品能夠以高價出售，而創造每單位產品最佳的利潤。

2.稀有或獨特的商品

如果產品在市場上缺少競爭性商品可供比較選擇，例如：特殊的收藏品、古董、珠寶、玉飾、高價保養品、稀有藥品，或者如豪宅，廠商也可以採取高價位的榨脂訂價法。

市場滲透訂價

這是相對於榨脂訂價法的另一種訂價策略，當廠商為了搶占市場占有率時，通常會以低於市場水準的價格來搶占更高的市場占有率，這種策略的背後邏輯是認為高的市場占有率可以為企業帶來長期的獲利，因此為了擴大市占率可以犧牲短期的銷貨利潤。

這種策略尤其適合於市場潛量龐大的大眾化商品。

例如：屈臣氏為了搶占日用品的市占率，以廣告強力促銷，標榜屈臣氏店裡的商品比其它連鎖通路便宜，如果消費者買貴了可以兩倍退差價。

又如2002年9月，全國加油站將每公升加油價格降低2元，這一個策略導致中油和其它體系的各個加油站生意大幅下滑，於是被迫應戰，打出比全國加油站更低的價格。

有些產業的新進者或新品牌為了迅速攫取市場占有率，常會採行市場滲透訂價策略，藉著明顯低於既有品牌的價格，吸引一些對價格敏感且品牌忠誠度不高的顧客轉而購買自己的商品或服務。例如：104人力銀行在人事徵聘產業中位居龍頭地位，後來跨入此產業的YES123求職網及518人力銀行就以遠低於104的低價策略打入市場，希望瓜分104的部分市佔率。

強勢品牌在營收或市場占有率都已居於領先地位，但有時仍會主動採行以低價掠奪更大市佔率的滲透策略。因為強勢品牌對其上游原料供應商或下游通路商都有較大的議價力量，可以將商品單價調低所減損的毛利轉嫁給上下游廠商吸收；反之一般較居弱勢的品牌卻無法將降價的損失轉

嫁，在強勢品牌低價的壓迫下可能就被迫永久退出市場。

市場滲透訂價會導致每單位產品的營收及利潤減少的結果，也可能面臨競爭者強烈的反擊，因此企業如果要採行這種策略必須對這些負面效應預先作好防範，以免沒有擴大市占率反而損害了自己與整體產業的獲利。

成本加成訂價

成本加成訂價法是非常普遍的訂價方法，它是以商品的成本加上一定的百分比作為訂價，來確保每一單位售出的商品都有一定的獲利成數。

假設產品的成本是100元，如果廠商希望有三成的毛利，那麼產品的訂價就是130元。

成本加成訂價法的優點是簡單，而且每賣出一件產品，就知道產品能獲得多少的毛利，缺點則是完全以廠商自己主觀的期望訂價，沒有考慮顧客的接受度也沒有參考競爭廠商的訂價。

採用成本加成訂價法有一個前提，就是必須很清楚地計算出每一條產品線及每單位產品的固定成本以及變動成本，才能依據這個產品的總成本加成之後訂出價格。

接下來，將說明什麼是固定成本什麼是變動成本。

1.固定成本

固定成本是指「在一段期間內不會因為生產量或銷售量的增減而跟著變動的成本」。

那麼，有哪些成本是屬於固定成本？

例如：廠房設備的折舊；辦公室或店面的租金；機器設備的折舊；辦公室裝潢的折舊等等。因為不論生產量或銷售量是多少，這些項目都是已經發生的成本，此外，在一段期間內的員工薪資如果不是採取計件獎金制，那麼在特定的一段時間內幾乎是固定的金額，所以也可以歸類為固定

成本。

2.變動成本

變動成本是指「會隨著生產量或銷售數量的變動而跟著變動的成本」。

那麼,有哪些成本是屬於變動成本?

例如:原物料成本。每多生產一件產品就需要一定比率的原物料,所以原物料成本會隨著產量的變動而變動。另外,依據產品銷售量而計算的銷售獎金或佣金也算是一種變動成本。

3.半固定成本

半固定成本是指在某一個特定生產量或銷售量的範圍內,固定不會變動的成本,但是一旦產量或銷售量超出這個範圍就會跟著變動的成本。

例如:在某個產量水準以內的人員薪資本來是固定的,為了提升產量或銷售必須擴增人員,這時候人員的總薪資會從較低的水準升高到較高的水準,這種情況下的人員薪資就是半固定成本。

有了固定成本和變動成本的數字,廠商就可以計算出產品銷售的利潤。

它的公式就是:

銷貨利潤=銷貨收入-銷貨成本,

而銷貨收入=銷售量×產品單價;

銷貨成本=固定成本+變動成本

所以,銷貨利潤=銷售量×產品單價-總固定成本-總變動成本

從這個公式就可以計算出銷貨的利潤,而當銷貨利潤=0的時候,就是損益兩平,不賺不賠的情況,以這個公式就能算出產品銷售的損益兩平點。

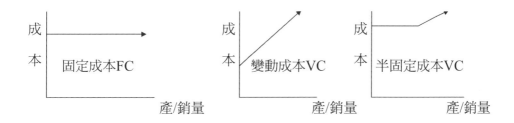

 競爭導向訂價

成本加成訂價是從廠商的角度訂定價格,而不考慮市場反應和競爭者的訂價。反之競爭導向訂價則是以競爭廠商的價格作為訂價的依據。通常在下列情況下適合採取競爭導向的訂價:

1. 市場資訊相當透明,而且消費者很容易就能夠獲得各家廠商的商品與價格資訊。

2. 商品已經相當成熟,各家競爭廠商的產品在功能和品質上沒有明顯的差異性。

3. 擴大市場占有率可以讓企業獲得很大的規模經濟效益或者對營收的成長有關鍵性的幫助。

 時間差異訂價

有些行業或產品會採取時間差異訂價法,也就是依據不同的時間給予顧客不同的價格,有以下幾種方式。

1. 尖峰離峰差別訂價

當某些商品有明顯的消費尖峰和離峰狀態,為了鼓勵消費者能夠在離峰時段增加消費,廠商可以考慮給予離峰時段的價格打些折扣,最常見的就是行動電話費在一般時段及減價時段採取不同的費率計算通話費。

　　另外，很多商店的營收是和店內空間座位的使用率密切相關，為了在離峰時段也能提高座位的使用率，因此會訂定特別的價格折扣。例如多數人不會在早上看電影，因此戲院在早場的時段以較低的價格吸引一些想佔便宜的顧客。錢櫃和好樂迪KTV在下午時段的價格遠低於晚上時段的價格。很多餐廳在週一至週五是一種價格，週六、假日又是另一種價格，甚至中午時段和晚間時段也有價格差異。K書中心、網咖等行業也都有類似的時間差異訂價。高鐵曾經為了提高離峰時間的載客率，也打出清晨班次及夜間班次列車依訂價打六五折的價格優惠。

2. 購買時機差異訂價

　　另一種時間差異訂價，是以購買商品時機的早晚而有不同的價格。

　　例如：一些經營靈骨塔的企業會告訴顧客，現在買一個塔位只要五萬元，將來會增值到十萬或更高的價位。或者一些經營渡假俱樂部的企業，像早期的合家歡、龍珠灣、馬武督渡假村及一些高爾夫俱樂部，在行銷會員卡的時候會告訴顧客未來將陸續開發更多的休閒渡假景點或球場，趁著現在景點數還少的時候可以用較低的價格購買會員卡，不但比將來購買的價格便宜還可以將會員卡轉售獲利。

3. 短中長期客戶差別訂價

　　還有一種和時間因素有關的訂價法是針對長期的忠誠客戶給予優惠價。

　　例如：基金公司給予持續投資基金達10年以上的顧客1%～10%的忠誠紅利回饋。

　　另外，像報社給予長期訂戶和短期訂戶的價格也有所不同，一年期的訂戶所換算的每日訂報費一定優於半年及三個月期的訂戶；有些採行會員制的企業也會採取時間差異訂價法，例如一些俱樂部的終身會員可以終身

免費使用俱樂部裡的部分設施；另外像人力銀行對於企業會員的收費採月、季、半年、全年等不同的訂價，例如一個月會期的企業會員費是4200元，如果是一年期的企業會員費則是26000元，也就是給會期越長者越優惠的單價。

4.季節性差異訂價

具有季節性需求的產品也常採用時間差異的訂價，例如：服飾業在季節交替時打出的換季折扣；旅遊業者在年節假期或不同季節時也會調整旅遊行程的價格。

另外像農業和漁業也會依據不同季節期間的採收量或漁獲量而訂定高低不同的價格，像每年荔枝剛上市的時候可能是3斤100元，但幾個星期之後就快速下降到5斤或7斤100元。冷飲或冰品在夏季容易銷售，因此可以較高售價賺取較高的毛利，冬天則因消費者需求較低，須以較低價格來刺激銷售量。

5.打烊前差異訂價

有些食品類的商店在每天接近營業結束前會以極低的折扣出清店內剩餘食品，例如某些日本壽司店每到晚上九點過後，就以原價的五折或三折出售剩餘的壽司。

顧客差異訂價

有些行業會針對顧客身份的差異訂定不同的價格。

例如，電影院給予學生、軍人優待價，大眾運輸工具針對兒童、老人以及殘障人士給予特價折扣。水電公司對一般民眾和對工業用戶的水電費率會有所差異。像微軟的Windows作業系統以及Office辦公室應用軟體，也依照客戶是個人或企業用戶而有不同的版本與價格。

　　銀行對於軍公教人員或500大企業的員工會給予比較低的貸款利率；針對首購客戶或符合勞工房貸條件的客戶也會提供較低的利率及較高的貸款額度。2010年因市場上資金過度氾濫，大台北地區房價狂飆，央行為抑制炒房，要求銀行針對投資客須提高貸款利率降低貸款額度也都是依顧客身份給予差異訂價。

　　有些企業會將其商品或服務分成不同的等級，針對不同的客戶訂定差異化的價格。例如信用卡公司或俱樂部將會員分為普通會員，銀卡會員，金卡會員，等級越高的會員加入的門檻越高，但也提供更多的優惠或更高等級的服務。

　　有些企業也針對短期客戶，中長期客戶給予不同的價格或不同功能等級的服務。

　　一般短期會員費率較高，長期會員費率較低，終身會員雖然第一次繳的費用較高，但以使用期限換算，費率卻反而最低。

　　一些社群或交友網站會針對不同等級的會員提供不同的價格與服務，例如：免費會員所能擁有的留言空間與筆數都極為有限，而且在閱讀其它網友的檔案與信件的權利受到限制，付費會員除使用的網路空間較大，也具有可收發其它會員e-mail及增加網路曝光度的機會。

 # 地理差異訂價

　　依據地理位置的差異而分別訂價的例子有下列幾種情況：

1. 為反映地理差異所增加的成本

　　例如：大眾運輸業針對不同的路程訂定不同的價格。機車託運至外縣市加收較高的運費；快遞公司針對市內與市外或距離的遠近採取不同收費；還有一些貨物搬運公司會依據住家所在的樓層高低加收搬運費。

♻ 2.不同區位的差別訂價

像是演唱會、歌劇、球賽,在前座、後座和貴賓席等不同區位就有不同的票價;在飛機的座艙裡也分為經濟艙、商務艙以及頭等艙三種價格等級;另外在一些中式餐廳裡面用餐,如果使用包廂往往也會有最低消費金額的限制。

台北市有一些休閒圖書館,採人頭計時收費,每人每小時的費用是60～70元(會員則約八折計價)。消費者在此可以看數千本書報雜誌及無限量使用飲料,此外還提供免費的桌上型電腦供消費者上網,但有電腦座位的使用者每小時須另加10元的費用。

♻ 3.購買地點的差別訂價

廠商如果透過不同的通路銷售產品,成本結構及銷售數量會有所不同,因此廠商會依據不同的通路特性,訂定不同的價格,因此消費者在不同的通路購買同樣的產品,可能會有不同的價格。

例如:在量販店買一瓶梅子綠茶比在便利商店購買可以便宜大約15到20元;同樣的產品在線上的購物網站購買,價格通常會比在實體商店購買便宜。

產品組合式訂價

顧客如果單獨購買產品,就依照產品各別的價格計算,但是如果購買由廠商搭配的產品組合,就給予總價較為優惠的組合價格。

很多餐廳,包括麥當勞都有單點價格以及套餐價格;一些資訊廠商也會將硬體和軟體綁在一起訂定一個產品組合價;保養品廠商的套裝產品或食品業者的禮品組合也都是常見的例子。

當一些產品相互成為彼此的互補品時也很適合採用產品組合訂價或者

稱為「搭配銷售」（搭售），例如：影印機和碳粉；印表機和墨水匣；照相機和記憶卡；DVD錄放影機和DVD光碟片，都是缺少了對方就無法正常使用，因此廠商可以將這種互補品組合在一起銷售。

策略聯盟訂價

有時候企業會和其它廠商進行產品策略聯盟的搭配訂價，例如報社和多家廠商合作，將一年份的報紙及廠商的產品以相當低廉的價格提供給訂報的客戶。（例如：訂報一年送無線話機或果汁機……）

或者像銀行販賣金融商品時搭配壽險公司的商品，以組合式的訂價銷售給銀行的客戶。

通訊業的系統業者與手機業者常會採用手機綁門號的策略，例如不同月租費搭配不同型號的手機。微軟在推出Vista作業系統時也要求許多筆電廠商必須在販售硬體時搭售此作業系統。此外筆記型電腦和通訊業者結合推出「買筆電送行動網卡」的套裝價格則是異業結合的產品組合式訂價。

心理訂價

有些商品的訂價是針對消費者心理而設定，例如：很多美容或整型業者針對愛美的女性，推出施打玻尿酸以及肉毒桿菌的服務，訂價動輒十幾萬或數十萬；香華天以緣道觀音廟的宗教背景推出自稱具有能量的高價保養品與化妝品，還有一些高價的天珠，以及號稱可以招財除業障的水晶飾品，或者像一些潛能激發、腦力開發的課程，一堂課的費用高達十幾萬元，這些產品的價格雖然極為昂貴，但是深信產品功效的消費者仍然心甘情願支付昂貴的代價購買，就是因為這類產品完全掌握了消費者心理上的強烈需求，並且讓消費者認為越是高價越能顯示產品的神奇功效。

還有另一種類型的心理訂價法，就是有些商店刻意將商品價格訂為

299、999、249元等價格，雖然只是一元之差，卻可以讓消費者在心理上覺得便宜而購買，另外像「100元有找」也是一種心理訂價的手法。

近年日本知名的廉價日用品賣場大創百貨（Daiso）進軍台灣，以「全館所有商品39元均一價」的低價迎合重視荷包的顧客心理，在低價市場中佔有一席之地。

 # 名聲訂價

很多和「人」有關的行業會採用名聲訂價法，也就是依據個人知名度、名氣的大小高低來訂定價格。

例如：演藝圈的巨星，像湯姆克魯斯、妮可基曼、尼可拉斯凱吉。當他們擁有極高的名氣以及票房號召力時，演出一部片的片酬都是數千萬至數億美元的天價，林志玲擔任時裝模特兒有很長的時間，但是並沒有特別響亮的名氣，近年來因拍攝房地產廣告暴紅，不僅跨入主持界還擔任電影「赤壁」、「刺陵」等的女主角，成為各大媒體競相報導的寵兒，走秀及廣告代言的邀約不斷，其演出與主持的價碼也跟著節節高升。又如在英國星光大道一鳴驚人的蘇珊大嬸，在擁有超高人氣後巡迴全球各地演唱，短短時間即由默默無聞的家庭主婦躍升成為身價數億的富婆。一夕爆紅的「素人」（原本並非明星）如具有天籟美聲的小胖林育群及清純亮麗的宅男女神豆花妹，演出的價碼也都隨著名氣竄升而呈現三級跳。

還有一些行業也是採用名聲訂價法，例如：大牌律師的談話費就非常驚人，一些知名的顧問公司像麥肯錫的顧問費用，日本知名建築大師安藤忠雄的設計費用也相當的高昂。企業界邀請大師級的學者專家如大前研一，麥克‧波特來台演講，除演講費創天價之外可能還要提供演講者的來回機票與住宿費。而這些大師的演講會門票也都高達數千元或上萬元。

採用名聲訂價法要如何拿捏價格高低是一門大學問，訂得低似乎自貶

身價，訂得高可能因為開價超出客戶預算而錯失機會。例如：電視演員秦揚在演出連續劇「台灣霹靂火」後爆紅，演戲的價碼一路上漲，後來卻因為開價太高失去很多演出機會，另一個例子就是周潤發原本接受吳宇森的邀請演出歷史影劇「赤壁」中的周瑜，據說也因為開出天價及不合理的付款條件而導致影片中途換角。

 分段訂價

有時候企業在為商品或服務訂價時，並不是完全採取單一的固定費率，而是會採取分段訂價的方式。

例如：電信費通常包含了兩種費用，一種是固定的月租費，另一種是依通話時數而變動的通話費；而且還提供客戶不同的配套選擇，月租費高的通話費率就低，月租費低的通話費率就高，藉此可以讓客戶依據自己每月的通話時數，選擇對自己比較有利的價格方案。

另外常見的分段訂價法，就是廠商的進貨折扣。當買方廠商向賣方廠商採購商品時，賣方通常會依買方的採購或進貨數量給予不同的數量折扣，這種數量折扣的目的就是希望鼓勵買方多進貨，如此就可以降低賣方本身的庫存壓力並且拉高營收。

百貨公司對進駐的專櫃廠商也可以採用分段訂價的收費方式；一般而言，百貨公司對專櫃廠商有三種收費方式：

1.第一種是收取固定的租金

這種方式是不論專櫃廠商的營收高低，每月都收取一樣金額的租金。

2.第二種方式是純抽成

也就是不收租金，而完全依據專櫃廠商的每月營收計算抽成，例如：對精品或保養品專櫃，百貨公司一般會依據專櫃當月營收的25％～35％抽成。

3. 第三種方式是「包底抽成」

「包底抽成」是介於固定租金與純抽成之間的折衷方式，也就是當專櫃廠商的當月營收未超過某一標準數字時，專櫃廠商仍須支付固定金額的月租費給百貨公司，但是當專櫃廠商的當月營收超過了這個標準，就超過的部分，百貨公司可以依據某種比率計算抽成；這種包底抽成也是一種分段訂價法，可以保障百貨公司的最低固定收益，而當專櫃的業績超過標準時，百貨公司也能以抽成方式賺取更高的收益。

百貨公司對強勢品牌的專櫃會傾向採純抽成的方式，因為業績高時抽成金額會高於租金，反之對較無把握的品牌專櫃則會採固定租金或包底抽成的方式。

房地產業也有一種類似的分段訂價法，就是建設公司推出預售屋時通常會委託代銷公司銷售，代銷公司則是依據銷售的成交金額向建設公司收取代銷佣金，例如雙方會約定當銷售率在四成以內時，佣金是按照成交金額的百分之四計算，但當銷售率超過四成時，佣金則是按照成交金額的百分之五計算。此背後的邏輯就是，當顧客或者交易對象的購買量或貢獻度越高時，企業就願意給予更優惠的價格或支付更高的報酬。

交易量差別訂價

在很多行業都可以看到隨著交易量的差別而有不同訂價的案例；最常見的就是廠商的進貨數量折扣，當廠商向上游供應商進貨的數量越高，每單位的進貨價格就越低。另外像證券商或期貨商會給每月交易金額達一定數量的客戶比較低的交易手續費，也是依客戶交易量所作的差別訂價（例如，統一期貨對於單月下單金額達一定標準者給予交易手續費2.8折）。

有些廠商為了鼓勵消費者提高消費頻率或消費金額，對於高用量、高

消費金額的客戶給予價格上的優惠，例如電信公司對於採用較高月租費的客戶給予較低的通話費率或以較優惠的價格搭配販售手機。

又如信用卡公司針對持卡客戶提供在一定期間內刷卡達一定次數或一定金額可以享有免年費或其它費用折抵的方案。

分期付款訂價

資訊業、家電業和汽車業為了降低顧客對於高價格的抗拒，通常會採取分期付款的訂價方式，讓消費者可以在六個月或長達三年的時間裡分次支付產品的價款，由於不必一次拿出大筆金錢，消費者每一期的金錢壓力相對減輕，因此能夠有效降低消費者的購買障礙。像全國電子甚至打出「分期付款零利率」的策略，對於門市業績的成長產生相當正面的效果。另外像建設公司在推出預售案時也經常會把客戶購屋的頭期款也就是自備款的比率壓低到15%～20%左右，而將80%以上的房屋價款以20年的房貸分期攤還，也是類似的分期付款策略，目的都在降低客戶購買的前期門檻，提升消費者購買的意願。

預付款訂價

分期付款訂價是將總價款分攤在較長的期間，藉此降低消費者的頭期款或每一期所必須負擔的金額，「預付款訂價法」則是要求客戶先支付一整筆較高的金額，而在未來消費時可以享有免費或比較優惠的價格。

例如：通訊業者推出的預付卡，捷運公司推出的儲值卡，鐵路局推出的月票，都是消費者先支付一筆較高的金額，但是在往後通話，搭乘捷運及火車時的每單位消費成本都相對比較低。另外像星巴克咖啡推出的整本消費券，或者百貨公司推出的購物禮券，都會給予顧客八折到九五折的優惠價格。

　　很多的會員俱樂部也採取類似的訂價策略，入會時先繳交一筆入會費，但是往後消費時，則有部分免費的優惠或以會員優惠價計費。例如基泰建設經營的「基泰之友聯誼會」，企業會員或個人會員先繳交數萬元的入會費，未來就可以享有一定人數與次數的免費課程及免費餐會活動。一些標榜可以到全世界旅遊景點渡假的「分時俱樂部」（Time-sharing）也是先收取十幾萬至數十萬元不等的入會費，之後每次渡假則可以享有極低的機票價格及渡假旅館的住宿費。最近十幾年以企業化手法經營的婚友社也是先向客戶收取上萬元的「入會費」，之後每次安排男女雙方見面相親時所收取的「排約費」則比非會員相對低廉；這些都是屬於預付款的訂價法。

　　預付款訂價法的優點是一開始就為企業收取較多的現金可作為日常營運的週轉金，同時確保消費者在有效的會期之內對於公司的商品或服務能有比較高的消費頻率，而不會隨意轉換其它的品牌。

　　缺點則是企業因為預收了許多現金而誤以為財務充足任意擴張，導致未來資金的週轉不靈。因為預收的會費或儲值費用在未來都要用在消費金額的扣抵，也就是未來很多消費是必須免費或以較低的價格來計費，那時候企業的現金流入可能會明顯減少，所以企業的經營者絕對不能因為前期預收了許多的現金而對資金的進出疏於控管。如果一旦資金週轉不靈而倒閉，無法再兌現對已經預付價款的顧客或會員的承諾時，不但會引發嚴重的消費糾紛，還可能涉及吸金與詐欺的刑責。以前有多家健康俱樂部如「亞力山大」就爆發過類似的財務糾紛，一度以「線上教學第一品牌」聞名的「階梯數位學院」也是先預收三年學費，後來因財務問題而淡出市場，而已預付學費的會員只能群起抗爭或走上訴訟一途。

 風險訂價

有些商品會依據未來的風險高低以及發生的機率大小而訂定高低不同的價格。

例如：銀行在承作信用貸款業務的時候，針對有穩定收入的軍公教人員會給予比較低的利率；對於自己開公司的中小企業負責人則收取較高的利息。又如預借現金的放款利率會高於信用借款利率，信用借款利率又高於房屋貸款利率，這些都是著眼於不同性質的放款所承受的風險不同，因此所收取的利息費用也有所差異（以財務管理的觀點，這種依據風險程度加收的費用稱為「風險溢酬」或「風險貼水」）。

保險商品的訂價也是依據未來的風險高低以及發生的機率大小而訂定。例如：同樣是壽險產品，年輕時投保的費率遠低於年老時投保的費率。如果投保人曾經患有某種重大疾病，在保費的核定上也會採用比較高的標準。又如買意外險一年的費用只要幾千元，買一般壽險一年就要好幾萬元，這也是因為意外險發生而必須理賠的機率比較低，所以保費相對比壽險便宜。

金融機構所銷售的商品也是依據未來的風險高低而訂定此商品給予客戶的報酬率。如果是政府公債、國庫券等風險極低的商品，一般給予投資人的報酬率偏低，如果銷售的是一般企業發行的公司債或是金融資產證券化商品，因為存在某種程度的風險，因此必須訂定比較高的報酬率才能吸引投資人購買（金融市場中常見的「高收益債」其實多數是體質欠佳的企業所發行的公司債，俗稱「垃圾債」，因為風險較高，必須以較高報酬率才具備市場吸引力）。

旗艦商品訂價

　　零售商店或商場有時候為了吸引來客，會挑選一些商品以遠低於正常水準的價格銷售，這種特價商品稱為旗艦商品，它就像釣魚用的魚餌，目的在於引誘消費者光顧，一旦消費者進到商店除了購買特價商品之外也會順便購買其它的商品，店家藉著特價品的犧牲打，創造了比平常高出數倍的營業額。

 # 一次性專案生產訂價

　　有些高價位的高級品，為了維護品牌的地位，通常長年不打任何折扣，但有時候為了創造更高的業績，會打出一種專案生產的特別款式商品以遠低於該品牌正常水準的價格提供給消費者，由於這種特別款式的商品限定數量而且可能僅此一次下不為例，因此可以創造話題並引起消費者搶購，而且這種策略也不會影響這個品牌在消費者心中原有的地位。

 # 入門產品訂價

　　有些廠商的產品訂價並不便宜，對於初次購買這類產品的消費者而言可能會因為價格因素而使他們卻步，因此廠商以較低的價格，比較陽春的功能與配備推出入門產品，藉此降低消費者的門檻，而一旦消費者購買了產品之後就有可能成為產品的偏好者與忠誠顧客，進而購買其它升級版或較高檔次的產品。例如：BMW過去多年來就是奉行這種概念，它的廣告口號就是「不斷提升自我品味的人士專用」；像電腦業或消費性電子產品也經常可以看到這種訂價策略。

拍賣競標訂價

有些商品的價格是在拍賣場所先訂出底價再由投標者出價競標後決定。

例如：富比士拍賣會是全世界知名的拍賣機構，在這裡投標人可以競標買到各式古董、珠寶、名畫及珍貴的藝術品。

法院也是以拍賣的方式將一些不良債權（NPL）藉由拍賣的方式讓投標人競標，競標所得的價款即可清償原來債務人的債務。

近年網路拍賣盛行，個人也可以在「Yahoo拍賣」及「eBay」等網路拍賣平台自行訂定底價，由網友競標決定最終的售價。目前透過網路拍賣成交的金額已非常驚人，成為二手商品流通的重要交易管道。

政策管制訂價

有些特殊的商品或服務因為具有寡佔的性質，或者對於整體民生經濟具有重大的影響，因此它們的價格必須受到法律或政策的規範與限制，而不能任由企業隨意訂定價格，例如：水電費、汽油費、大眾運輸票價、計程車費率、道路停車費率、銀行利率、證券交易的手續費等等。

切割消費單位計價

有些商品或服務可以透過消費單位的切割，以不同的價格吸引不同的消費者。例如：健身俱樂部或健身房多數是以月，半年或一年作為會期招收會員，但是許多會員在繳了所費不貲的會費後常因為時間上無法調配，導致使用健身房或俱樂部的次數與時間偏低，形同每單位的平均消費價格大幅上升，因此有些業者推出以30分鐘為計費單位的消費方式，讓許多上班族可以利用中午休息時間使用健身俱樂部和健身房的各項設施。

租車業者出租車輛多數以半天或一天為計費單位，但是有些消費者需要用車輛的時間可能較短，為多出的租賃時間支付的費用形同浪費，因此有些業者訂出可按每分鐘計費的租賃服務，使消費者可以節省不必要的支出。

房地產與股票的訂價

以上介紹了各種訂價方法，接下來，我們再來看看兩種比較特別的商品訂價法。

首先是房地產的訂價，房地產的訂價和一般商品的訂價有很大的不同。一般商品在零售通路的訂價多半是不二價，消費者很少有討價還價的空間，房地產不論是預售屋、新成屋或中古屋，賣方的訂價通常都不會是最後的成交價，購屋者一般都會和賣方議價，至於議價結果則受到很多因素的影響，例如：賣方是否有急於出售的壓力，同區段其它房屋的供需狀況，房屋本身的個別條件等等。

那麼房地產的賣方又是如何訂定初步的價格呢？如果是預售屋，賣方也就是建設公司會依據幾個因素來訂定價格：第一是土地成本和營建成本，第二是依據建案的產品定位等級來設定單價的範圍，第三是建案所在區域內的其它競爭性建案的平均單價。而通常代銷公司對產品訂價的建議也是建商重要的參考因素。同一建案中的不同樓層不同位置的房屋，所訂定的單價也有所不同，一般而言一樓的單價通常遠高於其它樓層，高樓層可看見山水或都市景觀或面對公園及社區中庭花園的房屋，單價也高於其它景觀視野較差的房屋；格局較佳及採光度較好的戶別，單價也會略高於格局及採光較差的房屋。如果是中古屋，因為賣方不是單一的建商而是各個房屋的屋主，而且每間房屋的個別條件差異很大，所以訂價的方式及價格高低會比較紛歧，通常屋主會參考同區域類似房屋的價格水準以及仲介

經紀人提供的建議來訂價。

　　法拍屋或銀拍屋則是由法院或銀行訂定拍賣的底價，再由有意購買的買方透過公開投標的方式決定成交價格，有些房屋只需要一次拍賣就能順利成交，有些房屋則可能要經過二拍三拍甚至四拍才能售出，而這時的成交價已經遠低於第一次拍賣時所設定的底價。

　　接著再看股票的價格。股票在第一次上市或上櫃的時候，會由公司方面與證券承銷商共同討論上市時的承銷價，而承銷價的高低則會依據公司本身的獲利狀況，產業未來的展望，同類型產業已經上市上櫃公司的股價以及預訂上市期間整體股市的走勢來訂定承銷價。一旦股票上市上櫃之後，股票的價格則是由公開市場上的集中交易來決定每天的價格。

Lesson **3**
價格策略的
其他議題

 ## 價格彈性與價格反應

企業在制訂價格策略時，有一個很重要的觀念必須納入考慮，就是經濟學上所提到的「價格彈性」。

所謂價格彈性就是指產品的價格變動對於銷售量的影響程度，也就是價格每增加一塊錢或降價一塊錢的時候，銷售數量會跟著減少或增加多少單位，用公式表示，就是……

價格彈性＝（銷售量變化的百分比）÷（價格變化的百分比）

價格彈性越大，表示價格只要稍作調整，銷售量就會隨著有明顯的增減；反之，價格彈性越小，表示儘管價格有所調整銷售量也不會有什麼明顯的增減，或者雖然有增減，但變動的幅度相對比較小。

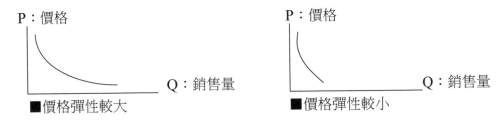

■價格彈性較大　　　　　　　　　　　■價格彈性較小

　　不同的產品價格彈性也有所不同，一般日用品的價格彈性可能比較大，只要稍微調漲價格，可能就會讓消費者減少購買數量或者轉向購買其它沒有調漲價格的品牌；而如果調降價格或採取減價促銷，也會明顯刺激銷售數量的成長，像油品價格每次的調漲或調降，都能很明顯地看出顧客對價格的行為反應。另外也有一些價格彈性很低的產品，例如，我們在前面章節所提過的特殊品，因為這些商品在顧客心中具有特殊的價值與意義，他們對產品品牌、功能或其它屬性的關心程度遠高於對價格的關切，因此價格的漲跌對銷售數量的增減就比較沒有那麼明顯。

　　當然不同的顧客對同一項產品也會呈現出不同的價格彈性與價格反應，例如某些顧客對某種品牌有著強烈的偏好與品牌忠誠度，因此即使別的品牌降價，他也不會轉而購買其它品牌；但是另一群品牌偏好度和忠誠度比較不明顯的顧客，就很可能因為其它品牌的降價而移情別戀。

　　除了顧客本身的忠誠度以外，顧客的「轉換成本」也是會影響顧客價格彈性與價格反應的重要因素，例如：一些企業用的系統主機、伺服器或重要的應用軟體，如果要從原來的系統更換成別家廠商的系統，不只是添購新系統所需要的購買成本，還包含了員工必須重新教育訓練，作業流程必須改變，和外部廠商及顧客的溝通作業可能受到衝擊等等因素，都必須納入考量。這些因為系統轉換而增加的有形及無形成本可能遠高於換購一個較低價的新系統所能帶來的利益。

資訊不對稱與交易價格

影響交易價格的另外一個因素就是資訊不對稱的問題。

市場上的購買者形形色色，並不是所有人都很了解商品相關的資訊，也不是每一個消費者都有時間與能力去搜集足夠的商品資訊後才決定購買。這種資訊不夠透明化以及買方資訊相對不足的情況，就是買方與賣方之間存在著「資訊不對稱」的現象，因為資訊的不對稱，賣方就有機會從訂價中獲取超額的利潤。

當然市場上還是有一些精明的買方，他們可能因為擁有專業或者人脈，或者了解一些新科技的運用，或者只是因為勤奮，所以他們可以搜集與掌握到比一般人更多的商品資訊，因此能夠以遠低於正常水準的價格購買商品，甚至再以更高的價格在市場上轉售，賺取買賣之間的價差。

例如，有些人對基金、股票擁有專業的知識，或者在產業界有豐富的人脈，因此能比市場早一步掌握特定基金或股票的一些內幕消息或未來的發展趨勢，而提早在低價時佈局並且在高價時出脫。像利用不同金融商品或不同國家的利率水準進行套利交易，更是充份運用資訊不對稱的現象為自己獲利的典型案例。

在過去，買方通常是資訊不對稱下弱勢的一方，近年因為網路的興盛與普遍，這種資訊不對稱的狀況已經有大幅度的改善，買方從各家廠商的網站或類似Yahoo購物中心的集合交易平台，可以快速地瀏覽與搜集商品資訊，甚至可以邀約數量眾多的買方，以集購或團購的方式向廠商議價，因此而獲得相對優惠的價格。

網路的普及也讓個人與個人之間可以直接交易，而避免了中間商抬高價格的空間，這就是C to C（Customer to Customer）的交易模式。最明顯的就是房屋租售的交易，屋主也就是賣方，只要支付極低的費用就可以自行在租售網站上張貼租售廣告訊息，而不必然要委託仲介公司租售，因此

可以大幅降低成交的佣金成本並且不會因為仲介佣金而墊高售價。

價格與產品定位

在行銷4P中，價格和產品往往具有相互依存的關係，而且很多廠商也習慣用價格來定位自己與競爭廠商的產品。

例如，如果用縱軸表示消費者「對產品的認知價值」，用橫軸表示產品的「價格」，廠商可以將自己的產品在市場中的定位描繪在這個座標圖中，同時也可以將競爭廠商的產品描繪在同一張座標圖中，由這張定位圖就可以很清楚地看出廠商自己的產品在市場中的相對位置，並且評估是否要進行產品定位的向上或向下延伸。例如早期賓士汽車公司一向只生產高級車，在產品價格與價值定位圖中位在右上方高價格高品質的區塊，在1980年代後期推出C型車切入中價位市場，1997年更推出A型車搶攻低價位汽車的市場。

根據市場上的實務經驗，原來走高價與高品質定位的產品，如果採取調降價格的動作，比較容易吸引原來購買較低等級產品的消費者；反之，原來品質與價位等級比較低的產品調降價格，卻不容易吸引原來購買高價位高品質產品的消費者。換句話說，消費者比較傾向「向上消費」，而比較不會「向下消費」；這種現象顯示高價位產品降價時，會吸走一些原來中低價位產品的顧客群，但是中低價位產品降價卻很難吸走高價位產品的顧客。

■價格／產品定位圖

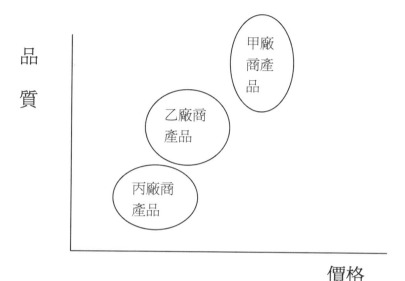

品
質

甲廠
商產
品

乙廠商
產品

丙廠商
產品

價格

 價格調整

價格調整可以分為暫時性的調整或長期性的調整。

常見的暫時性的價格調整通常是基於促銷的目的，例如：

• 限時或限期優惠方案。

• 特別節慶的特價方案。

• 折價券兌換或扣抵方案。

還有一些暫時性的價格調整則是按照某種指標的變動作為調整價格的依據，例如銀行的浮動利率、匯率，以及最近各個加油站依據每天或每週國際原油的漲跌作為汽油價格調整的基礎。

長期性的價格調整通常是因為：

1. 經濟環境可能有了明顯的趨勢轉變，例如：通貨膨脹，原物料成本上漲以及匯率的升降，企業必須調整產品的售價來反映成本的變動

（如果增加的成本無法轉嫁給顧客，調高售價會造成客戶購買數量的減少甚至客戶的流失，則廠商可能必須自行吸收全部或部分的成本）。

2. 產業內的供給與需求發生了重大變化，例如TFT-LCD產業或DRAM產業，當主要廠商的量產規模擴大時，在每單位產品的成本大幅下降而供給量大幅增加的情況下，只要其中一家廠商降價，就會引發產業內所有廠商都必須跟著降低售價，以免在價格競爭上居於劣勢。

3. 由於科技的發展使單位生產成本降低，或者使採用舊科技的產品有被新科技產品取代的危機時，舊產品被迫必須降價來穩住銷售量。例如當電腦由486升級為586時，486系列產品必須降價，又如TFT-LCD面板取代CRT面板，生產CRT面板的廠商也只能降價來保住市場不致立即大幅的衰退。

4. 有些為他人代工製造的廠商，為了讓閒置的產能得到充份的運用，而以較低的價格接受訂單來提高整體的產能利用率。

5. 廠商對於不賺錢的產品採取剔除策略，而以低價出清庫存時，也會引發產業內可能的降價行動。

 ## 企業有時也會刻意進行策略性的調價

例如，代銷公司為快速衝高預售案的銷售率，在建案公開前期刻意調低部分戶數的訂價以刺激人氣與買氣，當賣掉的戶數逐漸增加已接近代銷公司的損益平衡點時，再將剩餘戶數的價格調升；通常在建案熱銷時甚至有在短短一天內就數次調升單價的「一日三市」行情。

渡假俱樂部會員卡及靈骨塔的販售也常採用策略性的調價，初期當俱樂部或靈骨塔尚未開發完成時以較低的價格銷售，隨著據點增加及標的陸

續開發完成，價格也大幅調升，並同時提供客戶可轉售會員卡或塔位的權利，藉此活絡交易並造成客戶認為未來可能增值而追價的預期心理。

當企業企圖調整價格時，不但要考慮顧客的反應，同時也要注意競爭對手的舉動，如果各家廠商之間的產品同質性很高，而且產業內的競爭廠商數目少，一家企業發動價格調整通常很可能引發競爭廠商的反應，但是任何一家廠商在面對同業調整價格時都應該先考慮幾個問題：

1. 競爭者為什麼要調整價格？它的目標是為了要消化過多產能，反映成本結構的改變？搶占市場占有率？還是面臨財務的問題？

2. 競爭者調整價格是一種短暫的還是長期的行動？

3. 競爭者調整價格對於我們甚至整體產業會有多少的影響？

如果廠商能夠深入地評估競爭者的調價行動，才能做出正確的反應，而不會反射性地盲目追隨或者採取相互毀滅的反制動作。

網路產業的價格──由免費至收費

一般產品很少以低於成本的方式來訂定價格，更不用說長期提供免費的產品與服務，只有在很多年前聯合報系在剛開始創刊發行民生報的時候，提供一般民眾長達好幾個月的免費報紙。它採行這種策略的目的是希望藉由免費贈閱報紙，讓民眾不知不覺中養成每天看民生報的習慣，當有相當多的民眾養成這種習慣之後，在民生報取消免費的送報，很多民眾也因為習慣了看民生報而成為付費的訂戶。

網路產業和一般產業有著相當不同的特性，一個網站是否具有潛在的經濟價值常常取決於這個網站有多少的瀏覽人次，在網站的流量沒有達到一個具有相當規模的數量前，網站的營收將處於零或者相當低的水準，一直到流量累積到一個臨界點時，網站的經濟價值才會呈現而營收則會開始大幅地成長，如下圖所示：

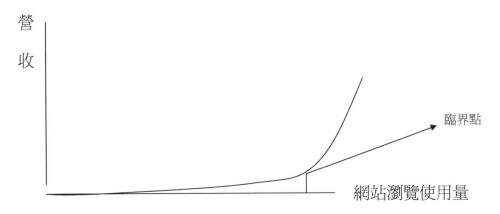

（圖中曲線代表，當網站瀏覽使用量未達到某一臨界點時，網站的營收處於零或很低的水準，但一旦過了這個臨界點，經濟價值將被發現或認可，營收也會飛躍成長。）

新成立的網站通常還沒有太多的上網瀏覽人數，所以創造龐大的網站流量成為非常關鍵的要素，而為了吸引許多人上網除了網站本身具有的功能與特色之外，也常常會提供網友很多免費的網路服務。例如Yahoo和許多知名的搜尋引擎提供會員免費的電子信箱、網路硬碟以及免費登錄自己的網站網址等服務，當會員數累積到相當龐大的數量之後，便開始調整各項服務的收費。但是這中間有成功也有失敗的例子，例如：Yahoo一度要對電子信箱的使用者收費，但是因為網路上到處充斥免費的電子信箱，因此Yahoo在不久之後就取消了電子信箱收費的策略，但是它在網路關鍵字搜尋、網路拍賣以及網路交友方面「先免費後收費」的策略卻都成功地為Yahoo創造了可觀的營收。

104人力銀行的創辦人楊基寬先生在創設104的前期階段，為了吸引企業在104人力銀行刊登職缺，曾經有很長一段時間不向企業收取任何費用，等到刊登職缺的企業越來越多，也吸引非常多求職者上104網站找工作之

後，他才開始對求才企業收取會費。

　　經營網站尤其是平台式的網站，初期為了吸引足夠的流量，通常必須採取免費的策略，並且以豐富的功能與內容黏住網友，等到網站的到訪者養成了上這個網站的習慣之後，再逐步調整部分服務的收費。因為必須忍受前期沒有收益的養魚階段，因此經營者必須有足夠的資金才能撐到開始有營收獲利的一天。

　　（國內的無名小站，國外的You Tube在經營一段期間並累積龐大的流量後，即使營收仍未達損益平衡，但因為未來具有非常可觀的潛在經濟效益，因此吸引了網路業霸主Yahoo，Google的注意，並以天價向原創始人收購股份）。

消費財價格V.S.投資財價格

　　大多數行銷的書籍都以消費性商品為主要的討論焦點，對於一些具投資價值的商品卻全無著墨；這類投資財的消費者購買行為與價格變動的關係與一般消費財有相當大的差異，因此筆者特別在此提出來探討。

　　消費財的購買目的是為了使用，可能是一次性短暫的使用，如食品、飲料、衛生紙……等消耗財，也可能是長期多次的使用，如資訊、家具、家電……等耐久財，但不論是消耗財或耐久財，它們都只有使用的價值而沒有未來增值的價值。

　　投資財是在未來具有增值可能性（但非必然性）的商品，某些投資財有使用價值，如古董、藝術品、黃金、珠寶、房產、高級俱樂部會員卡，某些投資財則不具使用價值，如股票、基金。購買這些投資財是因為購買者認為這些商品未來有增值的可能，亦即未來的價格會高於此時買入的價格，所以只要具備這種可能性，購買者就會勇於買進而不管此時的價格是否在他人眼中已屬高檔。

消費財因為只有使用價值沒有增值價值，所以如果商品價格上漲需求就會減少，而如果價格下跌需求就會增加。投資財卻與消費財大異其趣，通常股價下跌買的人減少，大崩跌時甚至造成交易量急凍；當股價一路上漲時成交量日益放大，當股價噴出時更是爆出交易巨量的時刻。

為什麼投資財的交易行為和一般消費財呈現如此背道而馳的現象？

原因在於，消費財僅具使用價值，既然沒有增值價值，購買者就不會因為預期未來可能增值而以高於當下的價格去搶購，反而當有降價時基於撿便宜心理而增加購買量。

投資財的價格則反映了購買者當下對此商品在未來增值的預期心理，如果預期未來有增值空間就會買進，而且當市場上有越來越多人認同時就會以更高的價格買進更多的數量，反之如果認為未來不會增值反而會減損價值時，就會賣出手中商品。另外很重要的一點是因為投資財通常會有買賣方公開競價的集中交易市場，競價的結果反應了多數人對商品未來增值空間的共同預期，競價的氣氛也會影響與助長交易者對商品合理價值的判斷，這些都是一般消費財交易所沒有的特性。

有部分商品雖然是消費財但卻兼具投資財的特質，例如一些世界知名的精品、鐘錶或名牌包。一般消費品的價值會隨時間而減損，但這類精品因為具有歷史意義與獨特稀有性，價值反而會因為時間而增加，因此這些商品不僅是消費財也是投資財。

訂價策略結語

在這裡對訂價策略作一個簡單的結語。

在行銷組合的4P當中，「訂價」是和企業的營收與利潤最密切而且直接相關的要素，價格受到許多因素的影響，例如：經濟情勢、政府政策、法令規章、產業結構、市場供需、競爭情形、企業的訂價目標，甚至其它

的行銷組合要素，都會影響企業的訂價決策。

很多廠商為了貪圖方便，對訂價只是粗略地採用成本加成的訂價方式，這不但忽略了顧客對產品價值的認知，也完全沒有考慮競爭者的因素。另外有些企業則是任由市場決定價格，或者採取盲目追隨競爭者的訂價方式，而沒有自己的一套訂價準則。

身為企業的負責人或者行銷的主要決策人員，應該將訂價視為一項非常重要的策略性決策，並且針對不同的產品、不同的顧客，仔細研究分析他們的價格彈性、價格反應以及對產品的價值認知。分析得越仔細越透徹，就越能針對不同的市場區隔訂定出最佳的產品價格組合，進而為企業創造更高的營收、市場占有率以及利潤。

$Chapter 4$

通路策略

這一個單元所要討論的是行銷4P中第三個P——

「**Place**」，通路策略，又稱為Sales Chanel。

Place

CRISIS

Holistic

Marketing

Lesson 1
通路的意義、
角色與功能

 通路的意義

　　通路就是商品由生產工廠經由中間的經銷配銷體系，最後到達消費者或最終使用者的管道，在中國大陸習慣將通路稱為「渠道」。

　　為什麼有些生產者不自己銷售產品給最終消費者，反而要透過中間的通路商呢？通常是基於以下的原因：

1. 有些廠商的專業在於生產製造，對於市場行銷並不在行，因此必須仰賴專業的通路商，通路商成為生產者與顧客之間的中間橋樑，經由通路，產品才可以順利銷售到顧客手中。例如，很多的農夫所生產的農作物和蔬果必須透過農產運銷公司將產品配銷到全省的超級市場以及果菜市場。

2. 建構通路必須投資相當高的成本以及培育許多的行銷業務人才，生產廠商未必有足夠雄厚的資金投資在通路方面的經營。

3. 運用市場上現有的通路進行銷售，生產者可以專注在產品製造，不必分心於通路的經營，而且現有通路的營運效率可能遠高於生產者自己經營的銷售系統。

通路扮演的角色與功能

行銷通路負責將生產者的產品轉移到消費者手中，在轉移的過程中，通路扮演了以下的角色與功能：

資訊收集

通路商負責了對市場資訊的收集與研究，這些資訊可以回饋給生產者作為改善產品以及控制生產數量的重要依據。

運輸

通路商負責將生產商的產品運輸並配送到全國各地的倉儲中心及各地的零售賣場與門市。

儲存

在產品層層轉移的過程中，通路商也負責中途轉運的儲存作業，這也可以降低生產廠商的存貨空間不足的壓力。

融資

通路商有時候在商品銷售的過程中，還扮演了融資的角色，例如對顧客或者生產廠商提供信用交易，因此還承擔了應收帳款可能會倒帳的風險。

貨款收付

通路商必須對下游的零售商或顧客收取商品的貨款並支付進貨的價款

給上游的供應商或生產廠商，所以通路商在交易中的金錢流向扮演相當重要的角色。

廣告促銷

如果製造商將絕大部分的行銷權責都授權給通路商，通路商就必須負起廣告促銷的責任，例如：BMW在台灣的總代理商汎德股份有限公司就要負責BMW在台灣的各項廣告促銷責任。

售後服務

售後服務在某些產業特別重要，像汽車產業、資訊產業以及通訊產業，通路商在產品售出後都必須負責維修保養，而這些售後服務是否完善、售後服務的據點是否夠多夠方便，都是消費者對產品是否滿意的重要因素，如果顧客買的資訊產品發生故障都必須直接找原製造廠商才能處理解決的話，那對消費者是一件非常麻煩的事情；通路商負責部分或大多數的售後服務，可以為製造商減少許多業務的負擔。（註：蘋果公司推出iPhone及iPad產品在全球造成熱賣，在台灣也締造亮麗的銷售佳績，但是蘋果公司在台灣並未設維修中心，產品故障須先由台灣通路商收取並審驗後，就近送到新加坡維修，由於往返時間長達一週以上，引起不少消費者抱怨）。

輔導訓練

通路商必須負擔起輔導訓練的責任，包括對零售商的輔導訓練以及對本身業務銷售人員的訓練。訓練的內容包含了產品的相關知識、操作的程序、故障的檢修與排除，當然還包含銷售技巧、顧客問題的處理等業務面的訓練。

通路的階層

產品從製造商的工廠到最終消費者手中，中間經過的通路商數目，我們稱它為通路的階層。

零階通路

零階通路指的是製造商自行將產品銷售到消費者手中，中間不經過任何的通路商，例如製造商可以透過電話行銷、郵購、網路訂購、傳真訂購或業務人員直接銷售的方式將產品賣給消費者。因此零階通路即是直銷的模式。

一階通路

一階通路指的是製造商的產品只經過一個主要的通路商再將產品賣給消費者。

廠商在各地設立直營的門市或營業處，也可以算是一階通路的型態。

多階通路

凡是中間的通路商在兩層、三層以上，我們都將它稱為多階通路。

製造商可能同時採取零階通路和多階通路的方式來銷售它們的產品，例如除了自己的業務人員以直接銷售的方式銷售產品給顧客之外，也可能設立自己的直營門市，或者經由其它的中間商銷售產品。例如，很多資訊

大廠除了有自己的銷售團隊之外，也會透過一些3C賣場銷售自家的產品；一些大型的建設公司，除了自己的業務部門負責銷售房屋之外，也會委託代銷公司或仲介公司銷售它們的預售屋以及成屋，遠雄集團的建設公司甚至要求自己的業務部和外界的代銷公司一起提案來爭取銷售公司建案的機會。另外像很多壽險公司除了有自己的業務人員之外，也開放其它的保險代理公司和保險經紀公司銷售自家的保險商品。

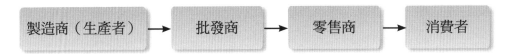

Lesson **2**
通路的類型

通路的類型有相當多的變化,而且持續有新型式的通路出現。

一般我們可以將通路分為兩大類型,第一大類是店頭賣場式的通路,第二大類是非店頭賣場式通路。

常見的店頭賣場式通路又包含以下幾種類型(或者稱為「業態」):

1.獨立店;2.連鎖門市;3.專業大賣場;4.綜合賣場;5.量販店;6.超市;7.百貨公司;8.購物中心;9.捷運商店街;10.市集;11.另類通路。

非店頭賣場式通路:

1.型錄郵購;2.自動販賣機;3.媒體通路;4.網路商店與商場;5.傳直銷:

以下針對各種通路的類型作進一步的說明。

 # 店頭賣場式通路

1. 獨立店

獨立店應該是歷史最悠久的一種通路類型,多半是個人開設,例如:台北市大稻埕一帶曾是最繁華的商業區,迪化街上到處是布商、茶商以及販賣南北貨的商店。一直到今天各種大型企業經營的連鎖賣場四處林立,各行各業由個人經營的獨立店仍然佔了最大多數的比率。

獨立店因為不像連鎖店有足夠廣大的市場涵蓋面以及滲透率,因此必須具備地點便利性或有特殊的特色才比較有成功的機會。例如:西門鬧區裡的阿宗麵線,永康街因為賣芒果冰而遠近知名的「冰館」(後改名「永康15」)都是很知名的獨立店。

獨立店如果經營成功就可發展開設連鎖店,像是永康街和信義路交叉口的鼎泰豐,幾十年來幾乎每天都是門庭若市,甚至連國外的觀光客都慕名前來嘗鮮。近幾年鼎泰豐在台北又開設了幾家店,甚至在日本及大陸也都設有分店。另外像早期在永和發跡的永和豆漿,近年也將經營觸角延伸到中國大陸,發展成相當知名的小吃連鎖業。

2. 連鎖門市

相對於獨立店,連鎖門市具有多家店面,每家店面有相同的視覺識別系統(VI)。連鎖門市的滲透率與涵蓋率都遠遠高於獨立店,像台灣便利商店的龍頭統一超商7-11在全省的總店數已經好幾千家,甚至同一條街相隔不到50公尺遠就有兩家7-11,如果再把其它體系的便利商店,如:全家、萊爾富、OK都算進去,幾乎已到了五步一家便利商店的程度。

連鎖門市從經營權的隸屬又可區分為直營店或加盟店。目前台灣地區主要的連鎖體系有很多是直營店與加盟店雙軌並行,像7-11、麥當勞、HangTen、太平洋房屋有自己的直營店也開放外部加盟。也有部分企業像星

巴克、信義房屋到目前都還是堅持直營連鎖而沒有加盟連鎖。

關於連鎖加盟的議題，在後面的章節筆者將再進行詳細的介紹。

♻ 3.專業大賣場

專業大賣場指的是專門販賣某類商品的大面積商場，例如順發、文魁資訊館、燦坤、NOVA都是知名的3C賣場。宜家家居IKEA、特力屋、日月光家具以及幾年前曾經進入台灣市場但目前已經撤出的康福浪漫是屬於專賣家具或家用品的大賣場。誠品的信義旗艦店可以說是複合式商場，但光是以它龐大的書店面積就可號稱是書籍的專業大賣場，來自新加坡設立於101大樓裡面的Page1書店也算是另一家書籍類的專業大賣場。

專業大賣場的主要特點就是品類眾多齊全，消費者想買某一類的商品，到這種商品的專業大賣場，可以有各家廠商的品牌及各種款式商品供消費者挑選，而且服務人員也具有比較專業的商品知識。

♻ 4.綜合賣場

從字義上我們就能了解綜合賣場是結合了不同業態和業種的賣場，例如信義計畫區裡的Neo19，包含了服飾、通訊、餐飲、健身等不同的業種。FNAC法雅客結合了書店、CD、視聽音響等商品；新莊的鴻金寶有服飾店、餐飲店、遊樂場和電影院；西門町的萬國商場和獅子林商場以及忠孝東路的頂好商場，也都是屬於綜合賣場。

綜合賣場和百貨公司有一些明顯的差異，百貨公司的經營權非常統一，是由百貨公司將賣場空間分租給各行業的廠商設立專櫃，但是百貨商場整體的經營管理仍然是由百貨公司主導與掌控；相對地，綜合賣場在所有權以及經營權上則比較混亂，有些綜合賣場的各個樓層甚至各個店面的產權分別屬於不同的所有權人，因此在整體賣場風格的塑造，經營權的掌控，賣場的整體營運與維護都相對的困難，所以容易流於雜亂，而且各家

的經營者各行其事，不易協調，失敗的機率相對較高。

過去有一些知名的賣場是由建設公司規劃後賣給許多不同的投資人，有些甚至是共同持有產權的持分狀態，因此後來在經營權的整合上非常困難，也導致日後的失敗，例如：士林的金雞廣場、內湖的歐洲共同仕場都是著名的失敗案例。

5. 量販店

現代人買日常用品最常去的地方除了便利商店之外應該算是大型的日用品量販店，例如，早期的萬客隆和目前的家樂福、大潤發、遠東愛買、Costco、Testco等等。

量販店的主要特色在於商品種類龐雜，價格低廉以及一次購足各類商品的特性。

一家量販店的空間面積大約3000到8000坪，因此可以陳列數量種類非常龐大的各式商品，消費者來到量販店就能將家裡一星期甚至一個月所需要的日用品一次買足。而且量販店龐大的進貨量可以大幅壓低向製造商進貨的價格，並且以低價回饋給消費者，因此量販店已經成為消費者購買日常用品的主要管道。

6. 超市

在量販店還沒有普及之前，超市曾經是非常重要的日用品銷售通路，超市摒棄了傳統市場的雜亂，提供給消費者一個乾淨整潔，不會雜亂喧囂也不必忍受日曬雨淋的自助式購物環境，因此受到許多上班族婦女以及家庭主婦的喜愛。

近年因為量販店開店的數目逐漸增加，已經嚴重侵蝕超市的原有顧客，因為商品種類沒有量販店多，價格又不如量販店便宜，導致很多超市陸續關門或減少分店數。

目前超市在量販店和便利商店的雙重夾殺之下,必須走精緻化與特色化的路線,才能和量販店作出明顯的區隔。(註:軍公教福利中心是公營型態的超市,必須持有軍公教福利證才能進入購物)

7.百貨公司

百貨公司在台灣也算是歷史悠久的一種通路型態,像早期的今日百貨、永琦百貨、統領百貨,到目前幾個主要的百貨公司如SOGO、新光三越、高島屋,可以說歷經了很大的變化與劇烈的競爭。

SOGO、新光三越、遠東百貨是全國性的百貨公司,在主要都市都設有分店,高雄的大統百貨及以往的尖美百貨、宏總百貨,台中的龍心百貨則都是據點很少的區域性百貨公司。

百貨公司講究的是購物環境的氣氛以及專業的服務;經營型態以專櫃經營為主。

百貨公司除了來自其它同業的競爭之外,目前面對量販店、購物中心、大型專業賣場的夾殺,競爭情況比以往更為激烈,一些中小型規模的百貨業者已被迫退出市場。未來的百貨公司如果不是走大型化路線,如新光三越,就是要走專業專精路線,(如未被三越合併前的衣蝶百貨),或許才比較有一爭長短的機會。

8.購物中心

購物中心曾是促進產業升級條例中的獎勵項目,它的量體規模龐大,總營業面積都在幾萬坪以上,裡面結合了購物、餐飲、娛樂、休閒等多元化的業種。

一般百貨公司雖然也有部分餐飲及娛樂的空間,但基本上仍然是以購物為主,但是購物中心在餐飲、娛樂、休閒等方面的比重則顯著提高,購物反而可能只佔四到五成的比重。

購物中心因為量體規模是百貨公司的數倍，因此可以容納具備各種特色的業態業種，例如：一家購物中心就可以涵蓋百貨公司、量販店、專業賣場、電影院、健身俱樂部等多種業態與業種，讓消費者在此可以滿足食衣住行育樂的全部需求。

購物中心因為可供建築的量體龐大，因此在外觀造型上也可以盡其所能的塑造出各式各樣具有特色的建築外觀，例如：京華城的球體建築；美麗華架構在建築體上的摩天輪；微風廣場像城堡式的設計及迴廊走道；101高聳入雲的頂天立地造型都比傳統賣場具備更多的創意與視覺上的可看性。

購物中心在經營型態上是採專櫃與專門店並行的方式，這也是和以專櫃型態經營的百貨公司不同的地方。百貨公司多半是開放式專櫃，除了美食街以外，結帳和收銀都由百貨公司統一處理；購物中心有部分是開放式專櫃，其它部分則是專門店或專業賣場，除了開放式專櫃由購物中心統一結帳和收銀外，專門店或專業賣場則由業者自行處理結帳和收銀作業。

9.捷運商店街

捷運商店街是一種特殊的零售通路。這些商店街的產權屬於公有，再由政府以委外方式，委託專業的公司規劃執行招商作業與商店街的整體經營管理。

捷運商店街以搭乘捷運的大量旅客為主要目標市場，旅客在搭乘捷運前後可能會順道至商店街購物消費。日本的捷運商店街營運狀況就相當不錯，反觀台灣，目前台北市的捷運商店街只有火車站前的一小段生意比較興隆，其它路段像南京西路以北都還需要改善。不過另一種同樣以捷運旅客為目標的轉運站大型商場，生意就遠勝過捷運地下商店街，例如：台北火車站及捷運站旁的京站百貨；台鐵大廈二樓的微風美食廣場；市府捷運站旁的統一阪急百貨；板橋火車站與捷運站內的環球購物中心，營業狀況

都相當不錯。

10. 市集

市集是自古以來就存在的零售通路型態，台北地區有一些主要的市集，例如建國花市、建國玉市、光華商場、通化夜市、士林夜市以及分佈在各地的菜市場、魚市場、果菜市場等等。近年天母商圈發展協會和台灣藝術市集協會在天母推廣的「創意市集」也由草創期的十幾個攤位發展到數百個攤位。

市集和現代通路比較大的差異在於，市集強調的是商家與顧客之間的人際互動，而且市集裡顧客和商家的議價殺價非常普遍，也正因為這種人際互動和殺價行為，讓很多年紀比較大的消費者覺得比較有人情味，同時可以滿足他們殺價的樂趣。

11. 另類通路

在上述的各種通路之外，還有幾種也具有相當影響力的另類通路。

➡ 福利社：

部隊、學校、醫院、公民營機構也常設有福利社，通常都是以招標方式遴選進駐的廠商。

➡ 餐廳：

餐廳除了用餐之外，通常會提供顧客果汁、乳品飲料、碳酸飲料、酒精飲料，因此餐廳對飲料業界是相當重要的通路之一。

➡ 檳榔攤：

檳榔攤是台灣特有的文化，除了檳榔以外，顧客經常會順便購買飲料以及香菸，因此也成為這兩類產品營業額相當可觀的通路。

➡ 攤販：

攤販是台灣的另一種特殊文化，也成為許多商品如：服裝、飾品、髮

飾、熟食、滷製食品、冰品的重要通路，根據研究，攤販為台灣創造的地下經濟規模相當驚人。

➡ 自動販賣機：

自動販賣機只販賣體積小以及便利性的商品，例如：飲料、面紙或報紙。

➡ 商展：

商展是另外一種特殊的通路型態，像世貿定期舉辦的加盟連鎖大展、電腦展、房地產交易會等等，是廠商尋找顧客或採購廠商的重要管道。

台灣的廠商為了將產品賣到全世界，也經常要參加像德國漢諾威大展等重要的國際性展覽，藉此將商品打入國際市場。

非店頭賣場式通路

非店頭賣場式通路有以下幾種類型：

♻ 1.型錄郵購

商品也可以透過一些專門經營郵購業務的公司來銷售，例如統一型錄、中誌郵購。目前很多銀行也會透過發行購物專刊的方式，寄送給銀行的信用卡客戶。客戶對裡面的商品有興趣就可以透過郵購的方式購物，例如「花旗禮享家」就是花旗銀行針對卡友推出的商品郵購刊物以及紅利點數回饋計畫。

♻ 2.媒體通路

➡ 電視購物

近年有線電視業者競相推出電視購物頻道銷售各式各樣的商品，像VIVA、U-life、MOMO目前的營業額都非常可觀。

電視購物是由電視購物頻道的主持人和廠商代表以一搭一唱的方式介

紹商品,它的優點是消費者不必出門,從電視上就可以聽到完整的商品說明,還可以從電視畫面中以各種角度觀賞商品,而只要撥打一通購物專線的電話,立即完成商品的交易,對消費者來說既省事又方便。

➡ 電台購物

廣播電台雖已是歷史悠久的老式媒體,在台灣仍有為數不少的聽眾,尤其中南部許多地下電台更是販售各種藥品的重要通路。

3.手機通路

以前手機只是用來通訊的工具,這幾年隨著科技的進步,手機還增加了許多的功能,例如:透過手機下載圖鈴、數位音樂、數位影片、電子書等等,由於手機可以下載數位化的資料,手機已經成為一種新興的通路與媒體,廠商的商品資訊可以透過手機直接傳送到消費者手中,甚至消費者透過手機就可以完成線上購物以及付款的動作,因此手機已經成為可以直接觸及消費者並且進行個人化行銷的通路。

4.網路商店與商場

網際網路在近年快速的發展與普及,全世界的上網人數呈現跳躍式的成長,網際網路也因此成為另一種全新的媒體與銷售商品的通路,而且它對傳統媒體及傳統通路所造成的衝擊與影響非常深遠且巨大。

幾年前還有很多人對網路經濟與電子商務抱著存疑的態度,但是到了今天,網路的經濟效益已經相當的明確,國內外的線上購物網站以及各種類型的網站也都創下了非常可觀的收益,而且金額還持續向上成長。

現在不論是企業或者個人,都可以利用網際網路作為行銷自己產品的工具,因此網路也成了另一種類型的通路,且重要性與日俱增。

利用網路行銷商品則有以下幾種不同的方式:

➡ 架設獨立的網路商店

　　企業可以建置自己專屬的網路商店，它具有獨立的網址，也具備了購物車，以及線上的金流、物流等功能，顧客在企業專屬的網路商店中就可以完成線上購物的作業。

　　如果企業有自己的網路部門及專業的人才，就可以自行建置網路商店，如果沒有網路專業的人才，也可以委託ASP公司（也就是專門為人建置網站的專業公司）為企業量身訂作獨立的網路商店。目前也有一些免費的架站軟體如Xoops、Joomla，個人即使不懂程式也可以運用這些軟體架設自己的網站。另外像OsCommerce更是一套免費的網路商店軟體，只要懂得安裝此軟體就可以擁有自己專屬的網路商店，將商品圖片資料上傳後就可以開店做生意。

　　架設獨立的網路商店還要向網域中心申請網址，並將網站或網路商店的程式安裝在伺服器。如果缺乏網路方面的技術與知識，可以向一些提供網路服務的ISP公司（Internet Service Provider網際網路服務提供者）或ASP（Application Service Provider軟體服務供應商）公司租用「虛擬主機」，如此許多複雜的電腦網路等技術問題都可以由ASP或ISP公司協助解決。

　　架設自己的網路商店的缺點是，因為初期較無知名度，必須努力透過各種方式宣傳網站以吸引更多的人到此瀏覽；優點則是網站可完全依自己的需求規劃，不像租用知名購物平台須支付許多費用，還必須受到許多規範與限制。

➲ 租用知名網路商場的交易平台

　　企業除了本身專屬的網路商店之外，也可以租用知名網路商場的購物平台，例如：Yahoo、Hinet等知名的入口網站，都有提供網路商店的購物平台。這種購物平台是一種類似套裝軟體一樣已經是模組化的網路商店，具有各種完整的線上購物功能，企業只要租用這種購物平台就能立即擁有

網路商店做起網路的生意。

租用購物平台的優點是這類平台已具極高知名度，每日至此瀏覽的人次非常龐大，在此開設網路商店曝光度高，被網友搜尋瀏覽的機率也相對較高。至於缺點則是除了須支付平台租用費，每筆成交金額往往還要被平台業者抽取3～5%的交易佣金或手續費，此外網頁版型及可刊載的商品數目會受到限制……等都是較不利之處。

如果以開實體店作比喻，前面自設獨立網路商店就好比在市區自己租一個店面經營自己門市的生意，可以完全自主但知名度或業績都要靠自己努力經營；租用知名網路商場的交易平台則好像進駐知名百貨公司或購物中心設置專櫃，雖然不像獨立店有自己完整獨立的門面與自主性，但可以仰仗百貨公司的高人氣與大量的來客數，為自己帶來較高的業績。

➡ 借用知名網路交易平台將自己商品上架販售

如果企業不想花費太多的金錢租用交易平台，也可以在知名的網路商場中將自己的商品上架販售。

有些交易平台是具有開放性的，它容許各家廠商選擇想販售的商品在此交易平台販售，在這種交易平台，各商家沒有自己獨立的網址與店面但是仍然可以利用購物平台的商品上下架功能管理自家的商品以及收受訂單，而只須支付網路商場的商品上架費或者成交的佣金抽成，這種模式類似實體通路中將商品託給商店寄售的方式。

例如：商家若有商品想販售，可上奇集集Kijiji，網際光華等分類廣告網，依商品分類將自己商品的圖文訊息在上面發佈，藉此招攬生意。另外像家天下、591租屋網、易租網則是提供屋主（或賣方）刊登房屋租售訊息的交易平台，按刊登筆數或刊登期間收取費用。

➡ 在網路拍賣平台販售

利用網路拍賣平台販售商品的以個人為主，有的是賣二手商品，也有

小商號或SOHO族利用網路拍賣平台銷售全新的商品，一般而言，網路拍賣平台比較適合短期、零星、按件計費的銷售方式。

架設獨立的網路商店	租用知名網路商場的購物平台	借用知名網路商場將商品上架販售	在網路拍賣平台販售
專屬的獨立網址	無獨立網址	無獨立網址	無獨立網址
對網站的規劃與經營具有完全的自主性	依照平台提供的制式模組運作	依網路商場提供的分類，將商品資訊上傳販售	依網路商場提供的分類，將商品資訊上傳販售
有完整的線上訂購及金流、物流功能選項	依據平台提供的線上訂購及金流、物流功能選項	依據平台提供的線上訂購及金流、物流功能選項	由買賣方協訂商品與貨款交付方式
負擔建置與經營網站的一切費用	負擔平台租用費及成交金額抽佣	按商品筆數或刊登期間支付上架費或成交抽佣	按商品筆數或刊登期間支付上架費或成交抽佣
知名度或業績須靠自己經營	仰賴交易平台的龐大瀏覽量吸引買方	仰賴交易平台的龐大瀏覽量吸引買方	仰賴交易平台的龐大瀏覽量吸引買方

➡ 利用網路部落格（Blog）販售

Blog或稱為Web Log中文譯為網路日誌，在台灣俗稱部落格，在大陸稱為博客，是一種管理網站內容的特殊軟體介面。

部落格具有簡易好用的特性，使用者不須懂網頁設計的程式（例如Html、Asp.Net、Dreamweaver……），只須輸入中英文字及上傳圖片，就可以利用部落格隨時撰寫文章發佈訊息，而且部落格可以將文章分類管理，文章依發佈的時序自動延續，具有RRS（Really Simple Syndication）

網頁串連匯集與發送的功能，可以將自己與其他人的部落格相互串連，也可以提供上網瀏覽者「回應」（Comment）與「引用文章」（Track Back）。

部落格雖然在網頁編排上受既定格式的限制，圖文無法像一般網頁那麼豐富多變，也不具有購物網站的購物車等功能（除非另行外掛相關程式），但是因為部落格可免費申請使用而且仍可權充個人網站，因此不少人利用部落格作為行銷自己商品或服務的工具。

一個經營成功的部落格其實也可以創造可觀的上網瀏覽人次，而且一旦被網友轉寄或以RSS串連與引用，所發揮的口碑效果不下於上述的網路商店或交易平台。

➡ 網路購物與消費者信任

由於網路購物金額呈跳躍式成長，廠商不論是否擁有實體店面，也多數會另闢網路商店行銷自己的商品。在實體店面購物因為可當場看見商品並當下銀貨兩訖，因此消費者較不會有購物上的疑慮，而網路購物雖然也有貨到付款的方式，但有些網路商店要求必須先轉帳匯款或線上刷卡後才會寄送商品，因此消費者心中會有較多疑慮，而且如果萬一有商品瑕疵或其它購物糾紛卻沒有實體店面可供退換貨或當面交涉，對購物者都可能構成購物的心理障礙。例如有一名為「自由之丘」的糕餅店都是在網路上接受顧客訂單，以往口碑不錯且頗有名氣，卻在2010年10月突然惡性倒閉，造成許多在網上訂購的消費者因此蒙受損失。

因此，Yahoo商城與Yahoo拍賣為了提升網路購物的信任感，在網站上設有商家的評鑑機制，讓曾與商家交易過的消費者在網上對該商家評分，藉此作為其他消費者進行線上交易時的參考。

♻ 5. 傳直銷

傳直銷是以人際網絡作為行銷的通路。像Amway（安麗）、Nu Skin

（如新）、Melaleuca（美樂家）、eCosway（科士威）、雙鶴、綠加利，都是一些知名的傳銷公司。

➔ 傳銷與直銷的異同：

很多人常將傳銷與直銷混為一談，事實上傳銷與直銷有相同的地方也有相異之處。

先說直銷的意義。基本上只要商品是由廠商直接銷售到消費者或最終使用者手中的行銷模式都稱為「直銷」，所以電話行銷、郵購、型錄行銷、傳真行銷、網路行銷都可以算是直銷，像知名的Dell電腦就是以卓越的直銷手法聞名全球。

那麼傳銷又是什麼呢？傳銷的全名是「多層次傳銷」，這其中的多層次三個字就是傳銷與直銷一個重要的區別。（註：在台灣，多層次傳銷事業的設立與營運必須受「 多層次傳銷事業管理辦法」的規範，籌設前須將營業管理規章送公平交易委員會報備）

多層次傳銷採用的是多層次獎金的獎酬方式，傳銷商不但能從自己的銷售業績中賺取獎金，也可以從自己推薦的下線傳銷商以及由此再衍生的各代傳銷商的業績中獲得一定比率的獎金（一般通稱為「組織獎金」）。

有些直銷企業並不是傳銷事業，因為它們並沒有多層次獎金的獎酬方式，像玫琳凱（Mary Kay）和雅芳（Avon）都是知名的單層直銷公司（註：雅芳後來也曾考慮多層次獎金的設計）。

因此我們可以說傳銷是直銷的一種，但傳銷並不等於直銷，其中的差異就在於是否有組織代數獎金的設計，因為有了組織代數獎金，才能達到傳銷事業所標榜的「時間倍增」，「組織倍增」，以及「業績倍增」的理想與目標。

傳直銷也是一種不可忽視的通路，因為直銷商就是消費者，透過消費者之間的層層轉介與轉銷，省下了透過各層通路商配銷的成本，因此可以

將節省下來的利潤以獎金的型式回饋給直銷商。台灣的傳直銷業一直活躍於社會中的各個角落，像安麗、如新、賀寶芙等傳銷事業年營業額都在二三十億以上，可謂舉足輕重。

傳銷事業更是健康食品、保養品以及化妝品相當重要的通路，有些家庭的日用品也在傳銷通路中佔有一定的比重，像安麗以及eCosway的商品結構中，都有相當高比例的家庭日用品。

有些企業在創立之初就是以傳銷組織作為唯一的銷售通路，另外一些企業則是在透過傳統通路銷售產品多年後才又另外開闢傳銷通路（例如以販賣健康飲品及食品為主的葡萄王企業）。

企業的產品是否適合以傳銷通路銷售必須考量產品的特性，一般而言，透過傳銷通路銷售的商品應該是有較高重覆購買（或重複消費）的產品較為適宜，例如一般家庭日用品或健康食品等使用（或耐用）年限不長的消耗品；因為客戶（或下層傳銷商）經常重覆消費，各級傳銷商才能分得重購業績的獎金，而年限太久的耐久財因為重購率低，傳銷商只能依賴不斷拉進新會員（新傳銷商）才有賺取獎金的機會，這將淪為拉人頭的經營模式，早晚會面臨成長停滯的困境。

建構傳銷通路必須設計一套公平合理且具有高度激勵性的獎金制度，因為許多人加入傳銷事業除了純粹的產品消費之外，也期望能透過經營組織賺取長期持續的收入，進而擁有一個自己的事業平台，而獎金制度所牽涉的三個門檻則是攸關傳銷商經營難易與成敗的關鍵因素：

➡ 加入（或入會）門檻

這是指取得直銷商權利的門檻，有些傳銷公司的入會門檻很低，例如：安麗Amway、如新NuSkin僅需千元以內的費用即可取得以直銷商價格購買商品及推薦他人入會的權利；另有些傳銷公司的入會門檻則相當高，

例如：以賣魔術內衣、健康床、黃金、電腦馬桶、蘆薈等產品的傳銷公司，它們多數要求入會者須先花上萬元或數十萬元購買產品才能具有直銷商權利，這麼高的入會門檻當然也阻絕了許多人的加入意願。

➡ 獎金門檻（或領錢門檻）

這是指直銷商除了商品零售利潤以外，可以領取個人業績獎金或直轄下線組織獎金的最低門檻。

多數傳銷公司制訂的獎金門檻都不低，例如：要求個人每月業績須達一萬元以上，且直轄下線整組業績須達十萬元以上，才具備領取獎金的資格，門檻訂得高就會增加傳銷商賺錢的難度，因此很多傳銷商在達不到最低門檻的標準下，索性只當消費者或乾脆脫離組織。

➡ 維持門檻（或聘位門檻）

絕大多數傳銷公司都會設計各種傳銷商的位階（或聘位），例如：主任、紅寶、綠寶、翡翠、藍鑽、皇冠、夏威夷藍鑽，各級總監⋯⋯等名目，越高階的傳銷商計算佣金的比率越高也享有如分紅配車等福利，但相對的所要背負的業績責任額與壓力也越高，而且一旦未達業績標準，聘位就會下降，因此許多傳銷商為了維持好不容易掙來的位階，只好自己花錢囤下大筆產品，如果無法順利轉銷就會造成嚴重的存貨與財務壓力。

多層次傳銷通路是透過人傳人的人脈網絡銷售產品，因此可以將透過傳統通路銷售的成本節省下來作為激勵各級傳銷商的獎金，以往傳銷公司除了總部的提貨中心外幾乎很少設立門市，但是有部分傳銷事業除了人脈通路外也設立一些門市或直營店，例如：Melaleuca（美樂家）在2011年已於台灣設立25家健康生活館，而在馬來西亞即先以實體通路起家的eCosway（科士威）目前在台灣的銷售中心、營業所、特惠屋，合計已將近200個營業據點，如此廣佈的實體通路可方便各地傳銷商就近購買商品。

■通路型態及特性一覽表：

通路型態	案例	特性
獨立店	各種行業所開的單一店面	單一店，涵蓋各行業，多為家庭事業。
連鎖門市	7-11、Hang Ten、康是美、王品牛排……	涵蓋各行業，店數多，統一的VI，一致的管理制度，一致的商品。
專業大賣場	IKEA、特力屋、燦坤3C、誠品書店、日月光家具……	特定商品的專業賣場，可選擇品項多，服務專業。
綜合賣場	萬國百貨、頂好商場、鴻金寶商場、Neo19……	各樓層各店面業種混雜，經營權較分散。
量販店	家樂福、大潤發、遠東愛買、Costco、Testco……	面積2000～5000坪，品項眾多，價格便宜，一次購足。
超市	頂好超市、惠陽超市、熊威超市	面積200～500坪，以生鮮蔬果及家庭日用品為主。
百貨公司	SOGO、三越、漢神、高島屋、大統……	專櫃式經營，高格調，重氣氛與服務。
購物中心	101、美麗華、夢時代、微風、京華城……	面積數萬坪，量體龐大，建築造型多元多變，結合購物，餐飲，休閒，娛樂等各類業態與業種。
捷運商店街	台北捷運商店街	以捷運旅客為主，餐飲、服飾店較多。
市集	光華玉市、建國花市、士林夜市、濱江街魚市、天母創意市集、傳統菜市場……	攤販聚集處，賣場較簡陋，貨品多，可滿足議價殺價樂趣，重人情味。
福利社	軍公教福利中心、學校醫院及機關附設福利中心	多為機構招標，以日用品為主。
餐廳	易牙居、加州風洋食館、麻布茶房、京星飲茶……	為酒類、水果及各式飲料的重要通路之一。
檳榔攤	各縣市檳榔攤	兼售飲料、香菸。

攤販	各縣市市集或鬧區攤販	固定或流動，熱食冰品或服飾雜貨最多，價格低。
自動販賣機	公眾場所或學校附設	僅適合飲料、面紙、報紙等小體積商品。
商展	世貿展覽館、南港、汐止、五股等展覽場	資訊、婚紗、機具、家具……等另一通路，為吸引國外客戶採購的重要通路。
型錄郵購	中誌郵購、東森郵購、花旗禮享家	以直接寄送給會員或目標客戶為主。
媒體通路 ・電視購物 ・電台購物	Momo、U-life、VIVA……特定廣播電台	現場展售人員的口白及商品展示是影響購買的關鍵要素。
手機通路	imode……	可做到較精確的一對一行銷。
網路商店與商場	Yahoo購物中心、Yahoo超級商城、PCHOME商店街、樂天市場……	線上購物機制完善，無營業時空限制，可接單後再備貨，降低庫存成本。
傳直銷	Amway（安麗）、Nu Skin（如新）、Melaleuca（美樂家）、eCosway（科士威）、雙鶴、綠加利	透過人脈網絡銷售，以健康食品及日用消耗品為主力。

Lesson 3
通路的選擇

前面介紹了各種通路的類型,接下來討論廠商在制訂通路的決策時,必須考慮的相關議題。

每一種通路都有它們各自的特性,商品要透過哪些通路銷售給顧客,必須考慮以下的因素:

通路和商品的特性、品味是否相稱?

像PRADA、LV 等名牌會選擇進駐shopingmall或者是五星級飯店。因為這些通路可以展現名牌商品的特質,如果在量販店也賣LV,那麼就會減損它在消費者心中的價值。

又如在網路上非常適合銷售數位商品,但是比較不適合賣一些必須觸摸、體驗以及依賴銷售人員作功能解說的商品。

因此廠商在替商品選擇通路時,一定要選擇和商品的特性、品質能夠相稱的通路。

167

 ## 通路是否可以有效地吸引目標客戶？

　　網路固然是一個很重要的通路，但是時至今日，四十歲以上年紀的人仍然有非常多的人並不習慣上網，更不用說在網路上購買商品。所以如果廠商的商品是以四十歲以上的人為主要的目標客戶，那麼網路可能就不是一個很好的通路。反之，像MP3，iPod這些年輕人最喜歡的商品，就很適合在線上購物網站或者年輕人的社群網站中銷售。

 ## 通路的數量是否足夠？潛在的銷售量如何？

　　廠商在選擇通路商時，通路商所掌握的零售點數目以及所能達成的銷售量，都是必須評估的重點。

　　如果是以便利商店作為銷售通路，因為全省的據點很多，可以滲透到每一個鄰里的街道。但是每一間便利商店的陳列空間有限，如果不是夠強勢的品牌，可能還無法搶占便利商店的貨架空間。如果是以量販店作為銷售通路，雖然銷售的據點較少，但是消費者的採購量很大，所以這兩種通路各有優劣。

 ## 通路的成本

　　廠商的商品要透過通路商銷售，有些成本與費用必須考量，例如量販店可能要求很大的進貨折扣；便利商店對商品索取的上架費以及給通路商的經銷佣金；有些通路像百貨公司還會要求專櫃廠商須配合分擔廣告促銷的費用。如果是以網路交易平台作為通路，必須支付網路商店的系統承租費或者是廣告刊登費；上電視購物頻道雖無固定費用，但可能須支付購物台三至五成的成交抽佣……這些都是廠商運用通路所必須承擔的成本。

通路的控制與談判籌碼

廠商在選擇通路時還要考慮對於通路擁有多大的控制力以及談判的籌碼。例如：能夠爭取多少商品陳列的面積；商品是否能有比較明顯的陳列位置，進貨折扣的高低，供貨的數量以及商品的種類，進貨款的支付期間等等。當廠商的力量強過通路商的力量時，就越能為自己爭取到有利的條件，反之如果通路商的力量強過廠商，廠商往往必須配合或遷就通路商的條件。

例如，早年高雄的百貨業是屬於大統集團的天下，其它的百貨業者像遠東百貨都難以和大統集團抗衡，因此許多廠商如果要在大統集團的百貨公司設專櫃，很可能就被要求不得在其它百貨公司再設專櫃。幾年前微風廣場剛開幕時鄰近的SOGO百貨也要求一些專櫃廠商不得進駐微風，否則就要求廠商撤櫃，這都是因為通路商的力量非常強勢，因此廠商往往也只能被動接受通路商的條件。

自設通路的考量

廠商在通路決策中最常思考的問題就是是否要自設直營的通路？

自設通路最大的優點當然是自己可以擁有百分之百的控制權，但是自設通路還牽涉到以下幾個問題：

1. 廠商本身是否有經營通路的能力？

這裡所談的能力包括了資金、專業、技術，以及人才。

建構通路必須投入資金，如果希望通路涵蓋的範圍夠廣，滲透度夠深，那麼所需要投入的資金更是非常龐大，這麼龐大的資金並不是每家廠商都能負荷。例如：當年統一集團設立統一超商，在持續虧損長達七年之後才轉虧為盈，而同時期的安賓超商（AmPm），則在苦撐數年之後黯然

退出市場，因此資金是廠商自設通路時首先要考量的因素。

有了資金還必須考慮自己是否有經營通路的專業、技術以及人才。畢竟經營通路和生產製造截然不同，沒有足夠的專業及人才，要想跨足通路的經營相當困難。

寶成工業是全球名列前茅的鞋類代工業者，近年其在中國大陸創設專業的鞋類連鎖賣場，就從外界聘請許多專業的通路經營人才來為寶成效力。

2.自設通路是否會和其它通路衝突？

廠商自設通路的目的是提高對通路的自主權讓終端售價不會完全受制於通路商，而且因為自設通路可以直接面對消費者，對於市場的資訊能夠掌握得更精確，但是也可能因此產生自營通路和外部通路之間的衝突。例如，自營通路擁有最完整的產品線，價格可能比其它通路更優惠，這些都會讓外部通路商感覺處於弱勢競爭的不公平狀態，因此引發通路商的抵制行為。像是之前光碟片大廠中環集團旗下的得利影視曾將一些熱門的院線片只供應同集團的亞藝影音，其它外部的影音租售店不是沒有新片就是數量有限，因此引發數百家影音租售店的集體抗議，這就是因為沒有妥善處理自營通路與外部通路的問題而引發的衝突。

3.自設通路應採直營、加盟或混合式通路？

廠商建立自營通路除了直營的門市以外，也可以採取開放加盟的方式。固然廠商對直營門市可以做到百分之百的掌控，但是所需要投資的金額相當可觀，如果採取開放加盟的方式，創設加盟店的成本大部分都是由加盟者負擔，甚至廠商還可以賺取加盟金或者權利金。而且開放加盟店可以達到快速展店的目標，對提高品牌的知名度也有不錯的效果。

多數開放加盟的廠商還是會設立自己的直營門市，一方面直營門市可

以作為示範店，另一方面廠商擁有部分直營門市，也比較不必擔心完全被通路商所控制。

4. 零售或批發？

有些廠商的通路直接面對最終消費者，也就是做零售的生意，有的通路則只針對中間商，也就是專做批發的生意。像家樂福則是兼作批發與零售的業務，它在工業區的店專營批發，在商業及住宅區的店則專營零售。又例如 IS COFFEE（伊是咖啡）有自營門市，做的是一般零售，但是它也供應咖啡豆給其它的咖啡業者或餐飲業者，這部分則是進行批發的業務。

5. 是否自設物流或者配銷中心？

有些廠商為了充份掌控商品的配送與運輸時效，會建立自己的物流以及配銷中心；例如，亞馬遜網路書店非常強調效率與速度，它不僅在網路的功能上盡量讓顧客可以用最快的速度瀏覽搜尋書籍，並且完成訂購付款，同時也要求能將訂購的書籍盡快送到顧客的手中。為了達到這樣快速的標準，亞馬遜決定自己設立物流中心以便掌控物流的每一個環節。因為顧客對選購書籍的快捷便利以及能夠在短時間內收到商品非常在意，也是網路書店成敗的關鍵因素，因此亞馬遜寧願砸下巨資創設自己的物流中心也不希望透過外界的物流公司影響到商品配送的效率與品質。國內的網路書店博客來因為沒有龐大的資金建立自己的物流體系，早期客戶曾經有一星期才收到書籍的經驗，為了提升物流的效率，博客來引進統一集團的資金，並且以統一速達提供物流服務，顧客還可以在住家附近的7-11取書付款，大幅改善了書籍配送的問題。

6. 複合式通路的運用

有些通路將不同的業種結合在一起而形成所謂複合式的通路。複合式的通路經營可以讓空間運用得更多元化，以不同業種吸引更多來客，並且

創造另類營收。

　　例如：天仁茗茶創設喫茶趣複合式餐飲。買茶的顧客可以在喫茶趣享用以茶為食材的餐飲，到喫茶趣用餐的顧客也可以順便選購天仁的各種茗茶。

　　一些餐飲店也提供上網的服務，除了餐飲收入外也可以賺取上網費。誠品書店除了書店的主體之外還結合了商場以及咖啡廳；逛書店的同時也可以逛逛商場。逛累了就在旁邊喝杯咖啡，看看剛買的書，雖然結合的是不同的業種，但是彼此屬性相近，讓顧客來到這裡不只是作單一的消費而是發揮了相互吸引顧客的綜合效益。

　　經營複合式的通路就必須注意業種的搭配，包括品味格調是否相稱；是否可以藉此相互拉抬人氣擴大客群等等……。

♻ 7. 店中店

　　有些通路商在原來的通路賣場中再另外分隔出空間租給其它的零售業者經營，而形成了店中店。例如大潤發，家樂福把部分空間提供給廠商設櫃，燦坤在大陸的賣場也有1/3～2/3讓廠商設店中店，並且由廠商自己聘用「導購員」。

♻ 8. 異業結盟

　　目前我們也看到很多不同行業共用一個通路行銷商品的異業結盟型態。例如：萊爾富以及全家便利商店與量販業合作共同推出生鮮食品。在銀行申辦貸款附送保險商品。郵局賣壽險及健康食品，還有銀行將ATM提款機設置於便利商店。傳銷公司（亞洲多寶）與旅行社結盟。生前契約公司（國寶人壽關係企業聖恩）賣日用品以及便利商店兼營代收業務等等，這些都是不同行業共用一個通路的例子。

通路授權的交易條件

生產廠商對於批發商，或批發商對零售商的通路授權條件，大致上包含了以下幾個重點：

1.銷售權利

製造商給予通路的是獨家代理權還是同時授權給幾家通路商的複式代理權？此外授予銷售權利的期間有多長，以及權利的終止或延續等事項。

2.商品範圍

這指的是製造商授權通路商銷售的商品與品項，以及商品的延伸範圍（例如：是否有包含零件以及維修？）。

3.經銷區域及範圍

這是指授權通路商可以在哪些地理範圍銷售商品，以及通路商是否可以再授權其它中間商及零售商銷售的區域。通常為了避免通路商之間因經銷區域重疊而自相殘殺或衍生一些糾紛，在合約中會劃定各通路商的主要責任區。

4.零售店設施規定及CIS授權

有些強勢品牌的廠商會要求通路商店裡的設施必須依照製造商統一的規格標準，例如：便利商店的冷藏櫃、貨架；咖啡餐飲店的廚房設備、炊煮器具等等。另外像CIS的授權，主要是一些視覺識別系統的製作與使用，例如商店招牌、旗幟、現場員工的制服等等都有一定的規範。

5.品質保證

包含原製造廠商對商品的保證期限與保證範圍、保證的條件、賠償的責任與流程。

6.價格及利潤

廠商一般都會提供通路商有關零售價的建議、價格的彈性空間、經銷商的毛利空間以及商品的折扣政策等等。

7.貨款回收及授信抵押

這裡指的是通路商進貨的貨款回收規定及廠商對通路商的授信額度。另外廠商可能還會要求通路商以不動產或其它資產作債權設定及抵押才能進貨。

8.訂貨及物流

這包含了通路商訂貨的方式和訂貨的頻率、出貨的方式、商品運送和運輸設備的規定、倉儲和倉儲設備的規定、運送商品以及商品在通路商手中時的保險責任。

9.商店規劃與商品陳列

有些強勢的商品製造商會對通路商的商店外觀、店內的動線及走道寬度、貨架擺設的位置、商品上下架標準都有明確的規定……。

10.相互服務及責任

製造商和通路商在市場資訊收集、彙整、分析、統計、運用方面必須相互合作並提供對方資訊。另外雙方的業務保密責任以及廣告促銷權責……等等都會在雙方的契約或協議中明訂。

Lesson **4**
通路的合作與衝突

廠商為了刺激通路商達到最佳的績效，通常會提供通路商一些誘因或激勵，例如：

- 給予比較高的商品毛利。
- 提供特別的交易條件（例如：票期拉長，採購量折扣）。
- 提供贈品。
- 給予聯合行銷的廣告折讓。
- 提供銷售競賽獎勵。

 ## 廠商與通路間常見的衝突

廠商和通路之間雖然是合作的夥伴，但也經常會產生一些衝突，常見的衝突有：

1.商品毛利的歧異

通路商一般都會希望廠商能給予比較高的商品毛利，因為這是通路商

是否願意強力為廠商商品行銷的主要動力。尤其當通路商也銷售其它競爭廠商的品牌時，如果競爭品牌給予通路商比較高的毛利，廠商的商品就會處於比較不利的地位。但是給通路商太高的毛利又會侵蝕到廠商本身的利潤，所以廠商必須權衡其中的利弊得失。

2. 進貨數量以及商品種類的岐異

廠商通常都會希望通路商拉高進貨的數量，甚至要求通路商必須有一個最低的進貨量，這種情況有時候會形成強迫塞貨給通路商，將存貨風險轉嫁給通路商的現象。另外在進貨的商品種類方面，廠商常常會要求通路商進一些通路商不是很想進貨的商品或者要求如果要進熱門商品必須搭配一些冷門商品，導致通路商被迫吃貨；反之，一些非常熱門搶手的商品，像剛上市就非常熱賣的任天堂wii遊戲機，通路商常常缺貨而必須接受廠商給的配額。

3. 付款條件的岐異

通路商向供貨廠商進貨時是以現金或期票付款？票期的長短？這些都攸關廠商與通路商雙方的資金調度與週轉。廠商有時會以票期的長短作為獎勵通路商的籌碼，當通路商績效好時，就可以給予其更有利的付款條件。

4. 商品是否買斷的岐異

通路商向廠商進貨是否須買斷？或是約定在多長的銷售期間內未售出則可將商品退還供貨廠商？這些協議涉及通路商的經銷風險、資金與庫存壓力。

如果通路商必須買斷商品，就必須有更充裕的資金，而且承受買斷後無法售出的風險，因此通路商可能會減少進貨的數量或要求以其它較佳的交易條件作為交換。

複式通路的衝突

　　廠商授權給通路商如果不是獨家代理，而是授權給多家通路商，就很容易有複式通路的衝突問題，因此一般都會在代理或經銷合約中明訂通路商主要的銷售範圍，避免同區域的通路商產生商圈重疊相互殘殺的現象。

　　此外像前文提過的廠商自設通路以及虛擬通路和實體通路之間的相互競爭，都是常見的通路衝突現象。

　　在金融保險業常會有商品供應者放給不同代理商與經紀商銷售的情形，廠商給各通路商的佣金比率經常並不一致，這也會導致佣金比率高的通路商可能以較多的折價銷售給顧客而引起其它通路商的反彈或抵制。

　　為了解決複式通路的衝突，有時企業會將不同的商品透過不同的通路銷售。例如霹靂布袋戲擁有為數眾多的觀眾與粉絲，霹靂國際多媒體公司除販售DVD以外還開發出非常多的週邊商品，如木偶、茶杯、月曆、鑰匙圈、木偶造型公仔……，由於銷路極佳，兩大便利商龍頭7-11及全家便利商店都爭取在店內販售造型公仔。霹靂國際多媒體公司為了不錯失與任何一家的合作機會，因此設計大小不同造型的公仔分別在7-11與全家販售。

　　在虛擬通路和實體通路的衝突方面，電子商務本身就是一種通路的革命。有形商品透過網路銷售已經對傳統通路造成巨大的衝擊。無形商品（如數位音樂、電子書等）透過網路銷售由於省去了硬體、通路、庫存、運送等成本，對傳統通路的衝擊將更為可觀。像近年來數位音樂盛行，傳統的唱片行如大眾、玫瑰的業績都受到影響，甚至也衝擊到音樂出版業者的生存。

　　由於通路商對廠商具有非常重要的意義，廠商必須要對通路商作好管理才不會損害整體的行銷績效。廠商應該對通路商建立完整的評估標準，例如：每週、每月、每季、每年的銷貨數量、平均存貨水準、平均配送次

數、退貨數或貨品損壞數量、顧客服務、行銷支援與配合度等重要指標。廠商也可以透過直接詢問顧客反應或以人員偽裝顧客的方式來了解通路商對顧客的服務水準及顧客的滿意度。

要提高通路商對本廠商品的認同度並且願意積極推薦銷售給顧客，廠商必須持續提供通路商協助與激勵，例如：品質優異的商品、創意的促銷宣傳、產品訓練、合資打廣告、商品展示及經常性的會議與溝通等等。

在行銷組合中，廣告促銷是屬於「拉」（PULL）的策略，就是經由廣告促銷將顧客拉到通路商與零售商的面前，而廠商也希望通路商積極銷售自家商品給顧客，這是屬於「推」（PUSH）的策略。與通路商建立緊密良好的合作關係，才能為廠商與通路商創造彼此雙贏的局面。

Lesson **5**
網際網路對
傳統通路的影響

　　網際網路在經過這幾年的發展，已經成為日益重要的行銷通路，線上交易的金額以及頻率都呈現快速的成長，而且已發展成不可違逆的趨勢。

廠商直接掌控與接觸消費者

　　網路讓生產廠商與消費者增加了直接接觸與溝通的機會，減少了通路階層的數目，提升了企業對市場直接掌控的能力。

廠商自建通路的成本大幅下降

　　網路可以降低企業建立實體通路的昂貴成本，設立實體的店面不但成本昂貴，而且好的商圈、好的地段未必有適當的閒置店面可以承租。反之，在網路上建置虛擬通路，不但成本相對便宜，也沒有區位以及租不到店面的問題。

廠商可以更精確找到目標客戶

網路讓廠商可以更精確地找到目標市場，降低亂槍打鳥式的行銷成本。

網路商店會吸引有興趣的到訪者，而且可以記錄每一位到訪者的瀏覽時間、到訪次數、消費金額、購買的商品種類，這些都有助於廠商針對客戶的特性與需求進行更精確的一對一行銷。例如：亞馬遜網路書店在網友點選書籍時，還會將同一類的書籍或同一位作者的著作也一併推薦，既節省了顧客選購的時間，也拉高了顧客的購買金額。

透過網路可與顧客進行更多雙向交流

網路行銷過程中訊息不是單向的傳遞而是雙向的交流。

在網站上，透過網路留言板、社群討論區、電子郵件信箱，以及附有電子郵件回函的電子廣告（eDM），消費者或網友可以將個人資料回傳或將個人意見回覆給廠商；廠商可以即時而且正確地了解消費者的意見，並且收集累積具有價值的顧客資料庫。

企業面對網路社群不必將訊息送到每一位社群成員，而是找出社群中的意見領袖來替企業做行銷的工作。一旦成為一個口碑事件，訊息散佈的速度就像病毒傳播一樣快速，這就是所謂的「病毒行銷手法」。

沒有營業空間不足的問題

虛擬通路還有一個實體通路遠遠比不上的優點，就是沒有商店空間不足的問題。以誠品書店為例，信義旗艦店已經是全國面積最大的書店，藏書即使數十萬冊仍然受到陳列空間的限制，因此有很多書籍（尤其是已經出版一段時間的書籍）無法放在書店的陳列架上讓人選購而影響了書籍的銷售量。但是在虛擬通路上只要增加頻寬及資料庫的容量，即使要販售上

億本的書籍也沒有問題。

沒有營業時間的限制

實體通路絕大多數都有營業時間的限制,網路上的虛擬通路則是24小時無休止的營業,透過網路商店中的線上購物程式,任何時間上網都可以選購商品、選擇付款與交貨方式,依序完成交易。而商家在任何時間都可以上網查詢訂單並準備商品出貨等事宜。

沒有地理限制的跨區跨國交易

實體通路主要的營收都來自於有效商圈內的客戶,虛擬通路的客戶則幾乎沒有地理區域的限制。像東港的名產黑鮪魚透過網站機制,就可以接受全省各地的訂購,創造了很高的銷售業績。偏遠地區可能沒有大型的百貨公司或量販店,但是透過網路訂購與宅配到府的服務,商圈已無形中擴大,不再受到地理區域和距離遠近的限制;甚至在台灣你也可以在亞馬遜網路書店買到你想要的各類書籍。

已逝世的企業家溫世仁為了幫助大陸河西走廊最東端的一個山村黃羊川的居民擺脫窮困的生活,贈送數百台電腦給黃羊川並為其建置上網的環境,一方面讓他們可以經由網路認識外面的世界,另一方面也可以透過網路將黃羊川的特產及手工製品銷售到全中國甚至全世界。如果沒有網路科技,溫世仁先生的理想與宏願也難以實現。

自助式的購物

網路商店上的商品查詢系統、購物車系統、線上付款系統,讓上網者可以自行搜尋、瀏覽、選購商品,整個交易流程都可以由購買者自行完

成，廠商只須在收受網路訂單後處理商品配送等作業，大幅度節省實體通路所需要的現場銷售人力，為廠商節省可觀的成本。

大幅降低庫存商品的壓力

實體通路為了因應客戶的購物需求，通常必須在銷售據點有足夠的商品庫存數量，而虛擬通路因為是先接受訂單再出貨，因此可以大幅降低庫存商品的壓力，也減少了商品陳列與商品庫存空間的需求。尤其數位商品（像數位音樂、電子書、各類應用軟體……）可以直接從網站下載到購買者的電腦，更是完全省去了商品陳列與儲存的空間，也沒有商品運輸與配送的問題。

大幅減少人力的需求

經營實體通路經常要面對人力招募、調配及人事成本等問題，由於門市營業時間長且薪資偏低，人員流動率極高且常須有二至三班人員輪值，對業主帶來壓力與困擾。採用虛擬通路可大幅減少人力的需求降低人事方面的開銷。不過有些行業很重視現場服務人員與客戶面對面的接觸與互動，因此，具有此種特性的行業則較難以虛擬通路取代。

綜合而言，網際網路已經對傳統通路產生了前所未有的影響與衝擊，廠商在進行通路決策時也無可避免地必須將網際網路列為重要的考量。

企業必須思考在傳統的實體通路之外是否要兼採網路上的虛擬通路，而一些在近年以網際網路科技興起的純網路公司，也必須考慮是否跨足實體通路的經營，或者與既有的實體通路結盟。畢竟實體通路和虛擬通路各有利弊，彼此既有競爭的關係也有互補合作的功能。可以預見未來的通路生態必然是虛實並存，如果企業能善用虛實通路各自的優點並彌補其缺點，必然能大幅提升通路經營的整體績效。

Lesson **6**
網路通路的
長尾效應

「長尾理論（The long tail）」是美國知名作家克理斯・安德森（Chris Anderson）觀察網路經濟多年後發表的一部深具影響力的著作。

過去沒有網路的時代，許多產業是仰賴所謂的「暢銷商品」而得以成長發展，這種現象在大眾媒體、文化出版業和娛樂產業尤其明顯。例如：賣座電影、暢銷金曲、暢銷名著與高收視率的電視節目是廠商生存的命脈與獲利的金雞母。由於實體通路的空間有限，在廠商追求最高經濟效益的考量下，許多非暢銷的商品根本無法擠進商店的貨架。同樣的，頻道資源有限，只能容納有限的電台，基於生存壓力，電台也總是只播放暢銷排行榜中的金曲，許多非主流的音樂根本沒有屬於它們的播放管道與表演舞台。

但是這種暢銷商品壟斷通路的情形在網路時代卻產生了極大的變化。克理斯・安德森研究數位音樂的排名與銷售數量時發現一個驚人的現象，雖然排行榜排名前面的專輯的銷售量遠高於非暢銷專輯的銷售量，但是幾乎每張非暢銷專輯都曾被下載（註：這些數位音樂下載是必須付費的），

即使是排名數萬名甚至數十萬名的專輯，每月或每季也都有被下載的記錄。

下面這張圖是依排名順序列出每張專輯單月被下載（購買）的次數：

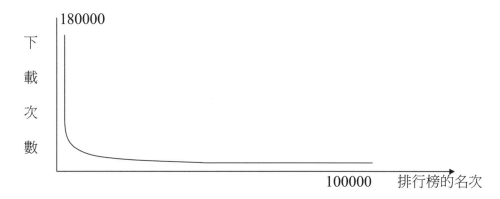

圖中的橫軸代表專輯在排行榜的名次，雖然排名已是十萬名甚至五十萬名，但是仍有被下載的數量，因此圖上需求曲線的右側拉出一條非常長的尾巴，這就是作者所稱的「長尾」（long tail）現象。

雖然個別看，每張非暢銷專輯被下載購買的數量很小，但如果將幾十萬張專輯的總下載次數加總，得到的數字卻極為驚人。

之所以會有上述現象，是因為在網路的空間中所能容納的歌曲專輯數量幾乎是沒有上限的，在實體通路中能放置十萬張專輯已屬極為龐大，而且消費者要在龐大的實體通路中搜尋到自己喜好的專輯相當費力，但是在網路通路中只要藉由優良的搜尋引擎，就可以快速地從數十萬或數百萬張專輯中篩選找到自己喜歡的音樂。

上述的長尾現象並不僅限於音樂產業，虛擬通路使長尾現象在任何產業都可能發生。克理斯‧安德森將這些為數極為龐大的非暢銷但卻仍擁有其特定消費群的商品稱為「利基商品」。

克理斯‧安德森認為有三種力量催化了長尾效應：

♻ 第一種力量：生產工具的大眾化

以往，不論是印刷、攝影、製片或製作音樂，都是需要高度專業的工作，如果要商業化更須投入相當昂貴的成本。但是現在利用電腦上的各種專業軟體，個人可以自行繪圖、編印，也可以攝製剪輯影片或編曲錄製音樂，當數百萬人都可以自行成為生產者時，網路上的「利基商品」就會被源源不斷的創造出來。

♻ 第二種力量：通路配銷成本的大幅下降

建立實體通路的成本非常昂貴，此外透過宅配或物流將商品送到消費者手中的運輸成本也相當可觀。反之，利用網路所花費的通路成本卻非常低廉。今天任何人只要將商品登錄在eBay、Yahoo、淘寶網等網路交易平台就可以接觸到全世界數百萬甚至數千萬潛在的顧客，這也促使更多利基商品利用網路銷售。尤其像數位音樂這類無實體的商品不僅不佔貨架空間，甚至連運輸成本也趨近於零，只要透過網路傳輸就能完成商品的交易與配送。

♻ 第三種力量：網路更有效率地連結了供給者和需求者

以往消費者為了尋找一項商品可能必須跑到好幾家商店去詢問與比較，這些尋找商品所須付出的時間與心力都是一種成本。然而今日透過網路，消費者不用出門，可能僅花費數十分鐘就可以從網路上搜集到各家商店有關商品的資訊，而且網路上的社群或部落格中還可以找到許多網友對於商店與商品的評價，這些資訊都讓消費者的搜尋與交易成本大幅下降也更有效率，因此更多利基商品也在網路的世界中得以存活。

♻ 長尾效應改變了80/20法則

80/20法則是企業界常引用的一種概念，例如一家公司80%的營收是來自於20%重要客戶的貢獻，一家賣場或商店80%的營收是來自於20%暢銷商

品的銷售⋯⋯。

　　但是網路所引發的長尾效應卻改變了上述80/20法則。過去在實體通路的世界，因為賣場店面的空間有限、貨架有限，業者在追求最大經濟利益的考量下，對於可在店內陳列展售的商品會採取極為嚴苛的篩選標準，因此許多非暢銷的利基商品根本無緣出現在賣場與商店的貨架上，但即使是以此標準篩選上架的商品，店內商品的貢獻比例也大致符合80/20法則所描述的狀況。但是在網路的世界中，放置的商品數目卻可以數十億計，而依據克理斯・安德森的實證研究，把所有長尾商品營收加總的結果並不遜於暢銷商品創造的營收，甚至猶有過之，因此80/20法則在長尾效應下也就難以成立。

　　長尾現象說明了網路徹底改變了實體通路的經營慣性，在網路上不僅賣暢銷商品，也賣更多無數的利基商品，消費者面臨的是無數的選擇，而網路上的「篩選器」（搜尋引擎）則是幫助消費者從無數選擇中快速找到心目中理想商品的最大利器。

Lesson **7**
商圈的評估與選擇

如果廠商所要建立的是實體的通路，那麼就必須先做好商圈的評估與選擇。

商圈的意義

所謂「商圈」指的是一家零售店能夠有效涵蓋的市場範圍，一般的概念是以零售店為圓心或中心點所劃出的圓圈，在圓圈所涵蓋的客戶群都有可能到這個零售店來消費，這就是我們所稱的有效商圈。例如，一家便利商店的有效商圈可能是以商店為圓心，半徑300到500公尺以內的範圍；一家區域性百貨公司的有效商圈可能是半徑3到5公里以內的範圍。

一般我們又可以把商圈分為廣義商圈和狹義商圈兩種概念。

♻ 1.廣義商圈

指一個都市中各個繁榮商業帶的分佈，廣義的商圈範圍比較大，半徑大約1.5公里以上，適合大型賣場作為衡量商圈範圍的標準。例如：SOGO

商圈、西門商圈。

 2.狹義商圈

又稱店頭商圈或單店商圈，指在一個範圍內，消費者願意且能夠至該店消費的距離所形成的區域範圍，例如：便利商店的商圈半徑約250～500公尺。

商圈評估的考慮因素

在進行商圈評估的時候應該考慮下列因素：

1.日常消費頻率

如果消費者到該零售店消費的頻率越高，商圈範圍可以劃小一點，因為光是這個小商圈內的消費金額大概就足以維持零售店的生存；反之，如果一般消費者到該零售店消費的頻率低，商圈範圍就應該加以擴大，以吸納足夠的消費者。

2.消費特性

如果消費者到該零售店購買的是比較屬於便利性或隨機性的消費，商圈範圍可以劃小一點，反之如果消費者比較屬於計畫性購買時，商圈的範圍就應該劃大一點。例如，一些社區鄰里型的商店，主要就是以提供附近居民便利的消費為主，所以它們的有效商圈就是300公尺以內；而像京華城、Costco或特力屋這些購物中心或大賣場，除了週邊的居民會基於便利而來消費以外，也必須以具有特色的商店、商品或活動吸引居住於較遠地區的顧客為了特殊目的到此消費，所以像京華城這一類的賣場必須將商圈範圍設定以大台北為範圍，而不只是松山區的居民。

♻ 3.賣場大小

一般而言，如果賣場的面積越大，商品種類越多，涵蓋的消費群越廣，則設定的商圈範圍也就越廣。

便利商店的商圈是週邊300公尺的範圍；超市可能擴大到500公尺；量販店或像燦坤3C這類大賣場則商圈範圍可能達1～3公里。

♻ 4.區域特性

在選擇設立通路及零售點的商圈時，還要考慮商圈的區域特性，例如該區是屬於辦公區、商業區、住宅區或是遊憩區？像是流行店則偏好喜歡選擇進駐信義商圈或是年輕人聚集的西門商圈與忠孝商圈；至於量販店則可以選擇面積廣闊、租金便宜的工業區或倉儲區……像台北市內湖新湖路一帶就聚集了Costco、特力屋、大潤發、家樂福等多家大型量販店。

♻ 5.人口特性

人口特性包含該商圈人口的主要年齡層、所得水準高低、附近居民從事的職業類別等特性。例如，延平北路、迪化街一帶的主要消費人口以中老年人為主，所以以年輕人為主的商店就比較不會選擇這個區域的商圈。又例如：天母居民的平均所得位居台北前三名，所以過去有很多高檔的餐飲店及具有特色的主題商店就會選擇進駐天母商圈。信義計畫區與大安區也都是許多高級零售業進駐的首選。

♻ 6.交通狀況

交通對於人氣的聚集非常重要，業者在評估設立通路時，一定要觀察商圈的交通狀況，像是是否鄰近捷運和車站？零售店的位置是位於主幹道或是在較小的巷弄？附近的車潮與人潮狀況等等。

SOGO商圈原本就屬一級商圈，自從旁邊設立捷運站以後，對整體業績更是如虎添翼。松江路原本因為有光華高架橋跨越忠孝東路到長安東路，

因此對部分商家形成阻隔，但是自從光華高架橋拆除之後，從新生南路可以一路連貫松江路，這使得松江路與新生南路可望成為貫通台北市南北向的最重要道路，原來位於光華高架橋兩側的店面價值也跟著水漲船高。

板橋新站因為擁有鐵路與捷運的便利，近年來商圈蓬勃發展，繼遠東百貨之後，環球購物中心也於2010年進駐板橋新站。

有些地方雖然車輛流量大但卻未必有經營商店所需要的人潮，例如，一些交流道或高架道路下來的地方較適合汽機車行、輪胎店、便利商店或檳榔攤，但其它行業則較不適合設於此處。

🔄 7.位於道路的陰面或陽面

同一條道路的兩側可能因為建物的屬性與經營業務的不同而呈現出陰面與陽面。例如：原為環亞百貨的momo商圈，南京東路南側與北側就呈現明顯的陰陽面，北側整條街都是各式各樣的店面，因此人潮眾多，南側則因為有憲兵隊及學校佔據相當長的一段距離，因此商業氣息至此被隔斷，到了夜間南北兩側的冷清與熱鬧更為明顯，若要設置店面自然以北側較佳。

🔄 8.商店特性

廠商在選擇商店位置時，還要注意在同一個商圈內有哪些競爭店？有哪些互補店或互補機構？或者有哪些知名店與特色店？

商圈內有競爭店可以說利弊參半。沒有競爭店表示自己在這個商圈內作的是獨門生意，顧客別無其它選擇。但是有競爭店也可以發揮「集市」的效果，吸引更多的顧客到商圈內作比較與選擇。例如：北市的長沙街、文昌街、南昌街是有名的家具街，愛國西路以及中山北路是知名的婚紗攝影街，這些都是以集市吸引更多顧客的例子。

什麼是互補店或互補機構呢？也就是在商圈內和業者的商店有相輔相

成效果的商店和機構，例如：安親班和文理補習班最好是開在學校附近；
醫療器材用品店最好開在醫院旁邊。像是民權東路的榮星花園附近以前有
不少葬儀社，這些都是因為商圈內的小環境中有一些商店或機構和業者所
經營的生意可以有互補的關係。反之，設店時也要注意避開一些和自己商
店的生意相互衝突的行業或商店，例如：婚紗攝影店不會開在殯儀館附
近，安親班附近最好不要有KTV酒店或舞廳。

如果商圈內有非常知名的商店，在它附近開店有時也可以分享知名商
店所帶來的人氣與人潮，例如，SOGO附近的商店都是因為SOGO帶來的人
潮而使得多數商家都有不錯的業績，SOGO曾一度因為颱風淹水而停電休館
多日，附近的商家業績立刻大幅下滑，可見這種禿子跟著月亮走的沾光效
應非常的明顯。

連鎖通路

接下來談談前文提過的連鎖通路。

1. 連鎖通路的特性

連鎖通路並不只是多店式的經營，而必須具備下列的條件：

➡ 一致的經營理念

所謂經營理念包含了企業文化、經營觀念、顧客服務，以及工作的價
值觀。

企業為了讓內部員工或社會大眾能夠很清楚的了解與記憶企業的經營
理念，常會費盡心思將經營理念用一段經過雕琢的文字來加以描述，例如

華航的「相逢自是有緣，華航以客為尊」。

ＩＢＭ強調「我們賣的不是電腦而是完整的解決方案」（Total
Solution」）。

華德迪斯奈的經營理念則是：「實現童年的歡樂記憶」。

➡ 一致的商品服務

連鎖通路的第二個特性與條件是一致的商品服務。在每一家連鎖商店裡，不論賣場的商品陳列、標價、促銷以及提供的服務都一致化、標準化，消費者到任何一家賣場都會有相同的感受，而不會有品質與服務參差不齊的落差。

➡ 一致的管理制度

連鎖業非常強調標準化和一致化，而管理制度就是建立標準化與一致化的重要工具。

不過在連鎖通路中採取直營連鎖才比較可能實施一致的管理制度，如果採取的是加盟連鎖，通常加盟總部難以要求所有加盟店都適用統一的管理制度。以房屋仲介業為例，加盟店的經紀人是由加盟店的店東所聘雇，薪資獎金都是加盟店的店東在支付，加盟總部通常無權去干涉加盟店人員的薪資與獎金水準，頂多只是提供薪資架構給加盟店參考，所以在管理制度的標準化和一致化方面無法和直營連鎖相提並論。

➡ 一致的企業識別（CIS）

連鎖事業除了理念一致、管理一致、服務一致以外，為了強化整體的對外形象，更需要建立一致的企業識別系統，英文稱為CIS（Corporate Identity System）。

CIS其實包含了三種識別：

第一種是MI（Mind Identity）理念的識別

也就是企業在經營理念上和其它企業有何獨特與不同之處，讓社會大眾可以很清楚的識別本企業和其它企業的差異。

第二種是BI（Behavior Identity）行為的識別

因為經營理念畢竟太抽象，所以必須透過企業全體人員日常的行為去

落實企業的經營理念，而企業全體人員在日常行為中所展現的差異性，就是行為的識別。

例如：玉山銀行特別重視行員對待客戶時的禮儀與態度，信義房屋強調仲介人員的專業與誠信，都在消費者心中留下鮮明的印象。

第三種是VI（Visual Identity）視覺的識別

理念的識別和行為的識別說起來容易做起來困難，台灣的企業真正能貫徹這兩者的其實不多，而透過視覺的識別讓消費者對企業能夠記憶和辨別就相對比較容易；所以台灣的企業所談的CIS幾乎多數只局限於VI，也就是視覺的識別。

VI的構成要素包含了「基本要素」以及「應用要素」。

基本要素指的是：

- 企業的標誌。例如麥當勞的金色拱門。
- 企業的標準字體。例如大家熟知的「IBM」三個字。
- 企業標誌與公司文字的組合。例如麥當勞金色拱門的下方排列了I'm lovin'it幾個字。
- 企業的標準色彩。例如可口可樂的紅色，7-11的白、橙、綠；麥當勞的金黃色；信義房屋的紅、白、綠都是它們長期沿用的標準色。
- 企業輔助色彩。有時候為了因應不同空間環境下的視覺效果，在標準色之外也會有其它備用的輔助色彩，呈現出更多元化更活潑的色彩。

應用要素：

VI的基本要素加以組合變化之後，可以應用在許多方面，例如：視覺化的圖案可能應用在招牌、旗幟、辦公器具、建築外觀、櫥窗、制服、產品、車輛、包裝用品、廣告、視覺傳播、陳列規劃……等不同的項目上。

CIS之所以日益受到重視而且蔚然成風的原因，有以下幾點：

1. 零售業走向連鎖化、專業化，為了讓顧客有耳目一新的感覺以及創

造一致的形象紛紛導入CIS。

2. 自由化、國際化的時代來臨，跨國企業的行銷實力以及企業形象極為鮮明，企業為了走向國際，CIS的建立有其必要。

3. 企業建立CIS以後公司不論是商品種類或者行銷據點的增加都不需要使用很多廣告就可以獲得消費者的了解與信賴。

4. 科技技術的提昇導致產品日趨同質化，差距更為接近。顧客購買商品不完全依賴產品品質或者包裝，而是公司的CIS給予顧客的觀感與認同感。

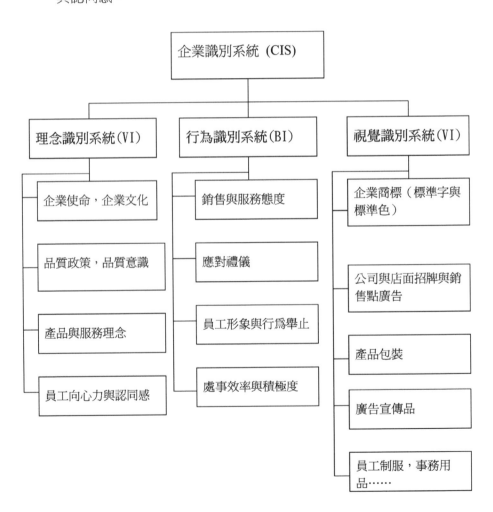

　　有時候企業也會藉由視覺識別系統（VI）的改變，傳達公司在經營政策，組織結構上有了重大的變革。例如：許多金控在進行購併或組織重整時會將各地分支機構的招牌全數更新，藉此對外宣示與展示全新的氣象。

2. 直營店與加盟店的比較

　　企業建立連鎖通路可以採取直營通路也可以採取加盟通路，直營店和加盟店在外觀上並無不同，最大的差異在於所有權的歸屬。

➡ 直營店

　　一切員工的任用、薪資、房租、設備、裝潢都由公司（也就是連鎖總部）投資。

➡ 加盟店

　　由總部授權商標以及地區經營權給加盟者並提供技術移轉或商品供應與教育輔導，店面的所有權多數屬加盟者所有（或是加盟者所租賃）。

　　直營店因為屬總部所有，員工也都是公司所聘雇，政策容易貫徹，各店的管理制度標準一致，人員比較容易管理。

　　加盟店所有權屬於加盟者，店內員工也多數是店東自己聘雇，各店的薪獎制度標準未必一致，人員管理比較困難，總部政策也未必能夠完全貫徹，因此各店的品質較為參差不齊。

　　（房仲業在台灣一直是直營與加盟體系並存；截至2010年，信義房屋是少數仍堅持所有店面都採直營的連鎖仲介業）。

3. 連鎖加盟的方式

　　一般常見連鎖加盟的方式有下列幾種方式：

➡ 員工內部創業加盟

　　例如：震旦行當年成立震旦通訊連鎖事業，就以員工內部創業的方式鼓勵員工加盟。

➡ 特許加盟

要求加盟者的店舖是自有店面或取得租期至少達一定期間（例如：5年以上）。

➡ 委託加盟

店面由總部提供，其餘的營業管銷成本則由加盟者負擔。

♻ 4.加盟連鎖體系的利弊

廠商如果所有分店都採直營模式，所須花費的成本將相當驚人，因為人員薪資、店租、設備、裝潢都須廠商自行負擔；反之若採用加盟模式，其中有許多費用可協議由加盟店負擔，可大幅降低自身的開店成本。

創設直營店從尋找店面、招聘訓練員工到正式營業，往往需要較長的時間，而採用加盟方式，上述作業有些是加盟者必須負責的事項，廠商（加盟總部）只是提供支援協助，同時一般加盟者會選擇自己較熟悉的區域經營，藉此加盟總部可達到快速擴店的目標。

採取加盟模式不僅可降低廠商自行開店的成本，還可以賺取加盟者支付的加盟金或權利金，有些專用的機器設備，加盟店也必須向加盟總部採購。

若是採取加盟方式，因為加盟店須按契約向加盟總部進貨，總部也等於是掌握了一些穩定的銷售管道。例如，一些早餐連鎖業的加盟總部並不向加盟店收取權利金，但是所有加盟店都須向總部採購漢堡、肉片、飲料，因此這些加盟店都是總部穩定的銷售對象。

加盟知名的連鎖體系對加盟者的好處：

- 享有成功的招牌。
- 擁有高知名度品牌的商品和既有的消費者。
- 成功管理經驗的快速移轉。
- 可以擁有自己的事業又可以享有總部的資源與輔導。
- 可以經常參加總部主辦的訓練課程，吸收新知。

- 加盟者自備的投資金額比較少。

- 可以享有連鎖事業大量進貨、議價所帶來的利益。

- 參加聯合廣告促銷，成本低、效益高。

以房屋仲介業為例，如果自己開設房屋仲介店，一方面知名度不高，房屋交易雙方對於委託給不具知名度的仲介業者心裡會有疑慮，其次單店所能承接的房屋物件數目有限，如果要上報紙分類廣告，費用相當昂貴，而且效果也不見得好。如果加盟知名的房屋仲介連鎖體系，因為加盟總部可將各加盟店的物件一起以聯合廣告的方式刊登分類廣告，一方面可以向媒體取得比較低的廣告費用，另一方面聯合廣告佔據較大的版面篇幅，對於物件的廣告效果也會明顯提升。

加盟成功知名的連鎖體系對加盟者也有以下的缺點：

- 必須受到總部的制約，比較難有自主性（例如：販賣的商品種類、款式、價格的高低以及可以議價的空間都受到限制⋯⋯）。

- 初期必須支付加盟權利金以及保證金，日後還必須支付定期的管理費。

- 合約限制比較多（例如：中途轉讓或者退出的限制）。

- 對總部依賴性太高，如果總部出問題，本店也難以自主經營。

- 加盟店良莠不齊，可能承擔其它店所帶來的傷害。

早期在台灣非常有名的日式料理連鎖事業「養老乃瀧」，其全盛時期有上百家的加盟連鎖店，後來台灣的加盟總部財務出現問題，所有的加盟店也跟著關門大吉。而以販賣帝王蟹火鍋為主的紅蟹將軍也發生類似的狀況，部分加盟者不願平白損失，只好聯合自救，自行進貨而不再仰賴加盟總部。加盟連鎖事業因為技術、商品、原料都來自加盟總部，所以一旦加盟總部出現危機，各加盟店幾乎也都隨之瓦解，這是參與加盟事業者必須慎重評估的風險。

Chapter 5

推 廣 策 略

以下的單元所要討論的是行銷4P中的第四個P ——
「**Promotion Strategy**」，推廣策略。
在推廣策略之中又包含了廣告策略、促銷策略、公
關活動以及人員銷售等四個部分。

Lesson **1**
廣告的功能與目的

　　廣告就是廠商（在這裡我們稱為廣告主）以付費的方式，透過適當的媒體，針對特定的對象（也就是目標觀眾或聽眾），傳遞經過特別設計的訊息，以期望達到行銷目標的過程。

　　從上面這段敘述，我們可以歸納出廣告的幾個要素：

　　一、廣告是由廠商也就是廣告主為了達到特定行銷目的而發起的。

　　二、廣告必須支付費用，這些費用包含支付廣告代理商、媒體及廣告製作等相關的費用。

　　三、廣告必須選定適當的媒體來傳遞訊息。

　　四、廣告必須針對特定的閱聽對象，也就是廣告訊息的接受者。

　　五、廣告有它特定的溝通目的。

AIDA訊息溝通模式

在廣告傳播以及消費者行為之間的關聯性，我們可以用一個名叫AIDA的訊息溝通模式加以說明。

所謂的AIDA包含了四個英文字，指的是Awareness（認知），Interest（興趣），Desire（渴望），以及Action（行動），它們代表了廣告傳播的目的與消費者購買決策過程之間的關聯，如下圖所示。

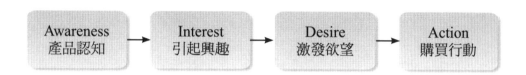

首先是Awareness「產品認知」的階段。這個階段廣告的目的是要讓消費者藉由廣告認知來了解產品，並且對產品產生辨識度與記憶。

第二個階段是「Interest」即「引起興趣」，這個階段廣告的目的是要讓消費者不但記住產品的品牌，還要引起消費者對產品的興趣，願意花多一點時間了解產品更多的訊息，進而產生正面的印象與好感。

第三個階段是「Desire」激發欲望，這個階段廣告的目的是要激發消費者對產品產生強烈渴望擁有的欲望，進而達到第四個階段「Action」產生購買的實際行動。

歸納起來，廣告大致有以下的功能與目的：

- 建立企業或品牌的知名度。
- 建立企業或品牌的正面形象。
- 使消費者產生偏好。
- 激發購買行為。

由此可知，廣告的目的是多方面的，它不只是為了達到短期的銷售目標，還包含了建立企業形象，以及建立品牌知名度、偏好度及忠誠度等長遠的品牌價值。

其次還有一點必須注意，廣告雖然是為了達成特定的行銷目的，但是廣告不能承擔行銷成敗的全部責任，一個成功的廣告，也可能因為商品本身的問題，價格的問題或是通路方面無法充份配合的問題而影響銷售的成績。

Lesson 2
廣告的分類

我們每天都會接觸到各種形形色色的廣告，基本上廣告可以分為以下幾大類：

商品廣告

商品廣告是我們日常生活中最常見到的廣告，商品廣告的目的在於新商品上市的告知，商品印象的建立，商品功能與特色的陳述或表現，提高消費者對商品的評價與偏好等等。

企業廣告

企業廣告是為了樹立或提升企業形象而作的廣告，藉由企業廣告讓社會大眾與消費者了解企業的歷史、背景、規模、業績、經營理念，以增加大眾對企業的良好印象。

企業有時也會透過廣告向社會宣示重大的政策，例如：與其它企業之

間的購併或策略聯盟、跨足新事業與多角化，或針對危及企業形象的事做出宣示、聲明、澄清或道歉，例如，統一企業曾因遭遇千面人下毒事件宣佈回收商品；Toyota因車輛故障而通令全球代理商將車輛召回檢修；富士康因員工連續跳樓事件而由郭台銘本人親自對各界作出各項安撫人心的重大宣示。

 ## 促銷廣告

促銷廣告是廠商為了提升短期的銷售業績而做的廣告；這種廣告多半是短期性的，通常透過降價或一些優惠的手段促使消費者盡快採取購買行動或增加消費的數量與金額。

 ## 意見廣告

所謂意見廣告就是廣告主希望藉此表達個人或團體對特定議題的立場與看法，希望影響輿論，爭取大眾或政府支持，進而影響個人生活規範、社會道德尺度或政府的政策與立法。例如：反核廣告，反廢除死刑廣告，節能減碳廣告……。

 ## 公益廣告

公益廣告的目的不是推銷商品，也不是為了增加企業聲譽，而是為了公眾利益與社會福祉所做的廣告，像聯合勸募廣告及董氏基金會的拒煙廣告都屬於公益廣告。除了政府機構之外，社會團體或企業也會為了公益的目的刊播廣告。

政治廣告

政治廣告又概分為政府廣告、政黨廣告和競選廣告。

政府廣告是為了宣導政策，介紹施政，藉此對內爭取民眾支持，對外促進外人對本國的了解與支持。例如，馬英九執政後大力推動與大陸簽訂ECFA（兩岸經濟合作架構協議），因為此政策受到在野黨強力杯葛與質疑，民間也有許多疑慮，因此政府以強力文宣，在報紙、雜誌、電視、電影院大力鼓吹簽訂ECFA的好處與必要性。

除政策性文宣外，一些政府工程依法必須公開招標，也是政府廣告的一種。

政黨廣告是為了宣揚政黨理念，爭取民眾好感與支持，或者藉此吸收黨員、爭取黨友。

競選廣告則是選舉期間各候選人為爭取選民支持所作的廣告，候選人本身就是商品，他的政見與理念就是產品的定位，而選民就是競選廣告所要訴求的目標視聽眾。

 # 人事廣告

人事廣告是企業或機構為了徵才在媒體刊登的廣告，人事廣告過去多仰賴報紙，近幾年已逐漸被人力銀行的徵才廣告所取代。

 # 其它廣告

例如：尋人廣告、證件作廢廣告、考選機構的考選公告等等。

Lesson 3
廣告物的種類

接下來介紹各種常見的廣告物。

 ## DM（direct mail）

DM原來的意義是直接廣告郵件，是指企業主透過直接信函將商品訊息寄送給鎖定的顧客或潛在消費者。DM的優點是可以鎖定目標消費群，業主主動寄發廣告信函，提高閱讀率與成功率。

廣義的DM不僅指廣告信函，而泛指可以直接派送到潛在消費者手上的廣告物。目前有一些變型的DM：例如，房地產業常喜歡在銷售現場週邊道路贈送有廣告圖樣與文案的扇子，另外像面紙包、桌曆、記事本也是常見的另類DM，這些另類DM因為具有一些實用與保存的價值，消費者比較不會任意丟棄，因此可以延長廣告的效果……。

派夾報

派夾報又分為派報和夾報,派報通常是將廣告傳單委託派報公司挨家挨戶派發到各個住戶的信箱裡面,夾報則是將廣告傳單夾在每份報紙中隨報贈送給訂戶或買報紙的讀者。

派報的缺點是對於一些門禁森嚴的大樓,不容易將廣告傳單派發到信箱內。一般人在信箱中拿到許多廣告傳單時也多半不會仔細看就順手扔進垃圾桶,所以派報被閱讀的比率一般偏低。

夾報隨著報紙送達訂報者手中,一般而言夾報比較不會在完全沒看內容的情形下就被丟棄,但是它的缺點是無法觸及不看報的人或不屬於該報紙的訂戶。

 # 銷售型錄和說明書

一些高價商品或者比較強調在視覺上呈現質感的商品廣告,會以銷售型錄和說明書作為廣告的工具。因為銷售型錄和說明書的篇幅比較多而且印製比較精美,成本較高,通常不作大規模的寄發,而只在銷售現場使用或供客戶取閱(例如,房地產銷售時所製作的銷售說明書或汽車型錄都是給消費者在銷售現場閱覽的輔銷工具)。

 # CF(廣告影片)

廣告影片的特點是時間短,成本昂貴,每秒鐘的製播費就高達數萬甚至數十萬元,因為成本高昂時間又短,無法作詳盡的商品說明,適合作感性訴求而且重視視覺上的效果。廣告的播出通常搭配節目時段與節目的屬性,像是兒童食品的廣告會選擇卡通節目;家庭日用品廣告會選擇家庭主婦喜歡看的連續劇或綜藝節目;高級轎車或上班族的用品則會選擇一些財

經節目、政論性節目或外國影劇節目時段中播出。

　　廣告影片的視覺印象相當重要，其普及率和滲透率非常高。早期當年只有三家無線電視台的時代，廣告影片為了爭取黃金時段以及在高收視率節目中播放，廣告代理商往往要費盡功夫以及出高價才能搶到好的時段，像大陸中央電視台的春節特別節目就出現廠商搶破頭也買不到時段的盛況。

　　不過台灣自從有線電視興起，因為頻道多達上百個，過去黃金時段被少數頻道壟斷的情形已不復存在。早期一個熱門節目像「雲州大儒俠」、「星星知我心」、「鑽石舞台」、「綜藝一百」的收視率都可以高達百分之十幾甚至百分之四五十以上，現在因為閱聽眾分散，一個節目如果能擁有百分之二的收視率就已經可以擠上前幾名，電視廣告的成本效益已經大不如前。尤其近年網路的普及造成許多人將多數的時間花費在上網，相對花在看電視的時間更形縮短，目前一個節目的收視率能達到百分之二已可名列收視前幾名，因此依附電視節目的電視廣告所能達到的效果更是今非昔比。

 # 報紙廣告

　　報紙廣告是電視廣告之外的第二大主流廣告，報紙的版面、篇幅、出報日對廣告效果都有影響。報紙廣告的訴求面廣，而且多數報紙是每日出刊，所以廣告主能夠依據自己的行銷計畫決定廣告刊登的期間、版面以及篇幅。

　　報紙廣告因為是靜態的文字與圖案，消費者有較長的時間可以閱讀廣告的內容，因此一些理性訴求的廣告或者長篇大論的廣告就很適合用報紙廣告來表現。

　　一份綜合性的報紙通常包含了政治、財經、證券、娛樂、影劇、體

育、社會、藝文等不同的版面，每個版面也各自有它們的讀者，報紙廣告通常會選擇刊登在和商品屬性相關或相近的版面。報社也可能增印廣告頁而和報紙其它版面的內頁分離，例如：房地產廣告、人事分類廣告，就往往佔據了好幾個版面。

報紙廣告通常依據刊登的版面位置、刊登的篇幅大小來收費，例如一般刊登在頭版下方位置的廣告最貴。

近年台灣的報業產生巨大的變化，綜合性的報紙目前雖仍維持中國時報、聯合報、自由時報三大報社鼎足而立的狀況，但是一些中小型的報社已紛紛走上倒閉或裁撤的命運。

以往走休閒專業路線的報紙——民生報和大成報都已吹起熄燈號；連同屬中時報系的中時晚報也已停刊，這一方面是因為來自香港蘋果日報的入侵，另一方面近年網際網路的興起也導致報紙銷售量的銳減。近期的報紙廣告幾乎以房地產廣告為最大宗，人事分類廣告則在人力銀行興起後逐漸被取代而版面日益縮減，商品廣告的篇幅及數量也都遠遠不如從前。

雜誌廣告

雜誌和報紙不同，報紙屬於大眾媒體，雜誌則是針對特定讀者的小眾媒體，所以適合分眾行銷。例如，知名的財經雜誌——天下、商周、財訊是企業主或專業經理人最常閱讀的期刊，所以也是房地產廣告、汽車廣告、精品廣告、高級煙酒廣告最喜歡選擇的平面媒體。一些專業雜誌像汽車、電腦、運動雜誌則是針對這些商品的玩家或愛好者發行的雜誌，所以裡面九成以上都是相關商品的廣告。而一些休閒雜誌像Taipei Walker則是餐飲美食、旅遊休閒等行業最常刊登廣告的媒體；訴求女性顧客的商品廣告則可以選擇女性為主的雜誌。

 # 電台廣播廣告

　　廣播廣告沒有畫面也看不到圖文，所以特別重視旁白以及文案的內容。旁白和文案必須能在短時間內引起聽眾的注意與興趣。一般的廣播廣告也必須搭配節目的時段與屬性；如果是針對上班族的廣告，因為上班族多數在上班時間無法收聽廣播，開車時則多半會打開汽車音響，因此通常會選擇上班前與下班後的行車時間作為廣告播放的時段。

　　廣播廣告因為沒有畫面和文字，所以比較不適合說理或需要視覺效果的廣告，而適合提供活動訊息、促銷訊息或經由反覆的口白建立商品印象的廣告。

 # 看板、燈箱廣告

　　看板和燈箱廣告也是隨處可見、非常普遍的廣告；店家的招牌和電影院的看板基本上也都是一種看板廣告。另外運用看板廣告最多的應該算是房地產廣告，房地產業者在推出新的建案時，除了在銷售現場以及週邊道路樹立看板廣告之外，有些看板廣告甚至會懸掛在幾公里以外的建築牆面上，目的在於引導購屋者循著看板廣告的指引找到銷售現場。

　　看板廣告有的是用木製的或者是布製的，也有一些是採用燈箱廣告或電子看板。

　　例如：捷運車站裡面就有許多燈箱廣告。燈箱廣告或者電子看板的優點是可以運用燈光色彩讓廣告內容更為生動活潑，而且在夜晚的效果更為明顯，所以在高速公路沿線或主要幹道上經常可以看到這一類的廣告。

 # 車輛廣告

　　車輛廣告包含了公車廣告、火車車廂廣告、捷運車廂廣告、計程車廣

告……等，是利用車子的外體或內部車廂作為放置廣告的媒體。

選擇公車作為廣告媒體要考慮公車的行走路線以及每天發車的班次。車體廣告因為是移動性的廣告，路人接觸廣告的時間非常短暫，所以設計車體廣告時圖文要盡量明顯而且簡單易懂，避免太多的文字說明，所以選擇一段精簡響亮的slogan來吸引路人的視覺暫留是車體廣告的關鍵。

目前有部分計程車利用車頂製作燈廂廣告，藉著計程車到處移動的特性達到廣告的效果，不過因為燈箱體積和面積有限，可以發揮的空間並不大。

 # POP（Point Of Purchase）銷售點廣告

在一般的賣場和零售店的門市都有POP銷售點廣告。POP廣告有的是從天花板懸掛下來的彩色紙帶，有的是貼在牆面的海報，也有的是商品陳列架上的標籤。目前主要的幾家量販店和屈臣氏都是將POP廣告運用得最淋漓盡致的賣場。

POP廣告可以活絡賣場氣氛，吸引消費者注意力，尤其一些特價的POP促銷廣告最能激發消費者的衝動性購買。

 # 旗幟廣告

旗幟廣告最常見於競選時沿街林立的布旗，此外像建案銷售現場或一些大型集會與會議，週邊也常滿佈旗幟，一者喚醒注意，二者引導方向，三者壯大聲勢。我們常會看到許多商店也會在店家門前擺放旗座與布旗廣告，藉以吸引路人的目光。

 ## 包裝廣告

商品的包裝除了具有承載商品和保護與保存商品的功能之外,包裝本身也是非常有效的廣告物。

商品包裝上一般會記載製造商、經銷商、製造日期、容量、成份、功能等文字。這些文字對消費者具有溝通與說服的功能。甚至商品包裝的造型與材質有時候也是刺激消費者產生購買欲望的重要元素。一般零售通路貨架上的保養品、化妝品、速食麵、飲料所使用的包裝盒或容器都是吸引消費者目光的重要工具。我們都知道日本企業特別注重商品的包裝,許多精美可愛的包裝盒特別容易吸引女性與兒童的目光並激發購買的欲望。

書籍的封面與封底也是出版社拿來作廣告的最佳位置,有些出版商還會在書籍封面之外加上一條「腰帶(書腰)」,用來作為介紹書籍與吸引購書者目光的工具。

 ## Kiosk(多媒體公共資訊站)

Kiosk是一種具有觸控面板的機器,多放於公眾區,消費者可以點選面板上的選單;上面也會提供一些廠商的廣告訊息讓消費者觀看。這種媒體常見於政府機構,圖書館或百貨公司內,作為一種查詢與導引的工具。

 ## 牆面或帆布廣告

在都市中人車匯聚的地區,廠商常會選擇位置顯眼的牆面放置其廣告,此外也可於牆面或大樓騎樓上方或店家的門前懸掛帆布廣告。

帆布廣告的製作成本遠比前面所提的看板與燈箱廣告便宜,因此建商和許多店家也都喜歡使用此類廣告。懸掛帆布的牆面若非廠商所有,則必須向屋主承租,但一些高級大樓多半不允許在外牆懸掛廣告以免破壞大樓

的觀瞻。

LCD播放機廣告

　　在台北市的辦公大樓電梯兩側經常可以看到LCD面板的螢幕，反覆播放著廠商的廣告。這種媒體主要是鎖定都會區辦公大樓內的上班族，利用他們在等待搭乘電梯的時間播放廣告，這種LCD播放機廣告目前也出現在部分便利商店和一些零售賣場，未來的應用應該會日益廣泛與普及。

櫥窗廣告

　　店面的櫥窗也常被商家用來作廣告，例如許多百貨公司或精品業者常將商品、道具模特兒、廣告海報放置於櫥窗，藉以吸引往來路人的目光。房仲業也是最善用櫥窗做廣告的行業，它們隨時將新進的待售物件張貼於櫥窗吸引客戶駐足。

　　餐飲業或一些強調店面設計風格的行業也常運用櫥窗作為一種廣告，而設計精美獨具風味的櫥窗，往往能在遠處就吸引消費者的目光。

樣品廣告

　　房地產業者在推出預售屋時，因為真實的建物尚未興建，為了讓客戶對所欲購買的房屋能有更具體真實的感受，因此都會搭建銷售/接待中心，其中除了有比例縮小的建物模型外，並在裡面以實際使用的建材做出數間坪數格局不一的樣品屋供客戶參觀，藉此提供更具體的空間感受與裝潢設計的參考，觸動顧客的購買欲。

帳單或ATM收據廣告

近年電信公司或信用卡公司在寄送帳單給消費者時，也會順便利用帳單的信封或帳單的內頁作為其商品廣告的媒體。此外中國信託與多家連鎖餐飲業合作，當消費者在7-11超商的中信銀行ATM提款或轉帳後所列印出來的收據，下半部印有連鎖餐飲業者的優惠圖樣，撕下此下半聯至連鎖餐飲業購買該商品即可享有買一送一的優惠。

手機廣告

近年通訊與資訊科技的發展與匯流，已經大幅提升手機的功能與使用價值，手機不只是單純的通訊工具，也是一個非常好的通路與媒體。

例如：日本的NTT DoCoMo推出i-mode服務，和許多內容供應商合作提供各類可以用手機接收的行動內容，例如：手機鈴聲、音樂、影片，還提供手機線上金融服務、新聞資訊、股市資訊、資料庫查詢等數百種服務，廠商也可以將廣告訊息透過簡訊傳送到消費者手中。基本上它就是利用手機的移動性和可攜帶性，將手機變成一個適合做一對一客製化行銷的媒體工具。

網路廣告

網路自從成為另一類強勢新興通路之後，也成為傳統四大媒體之外的另一個重要媒體；隨著上網人口逐年呈跳躍式的成長，越來越多廠商開始願意付費在網路上刊登廣告。

1.常見的網路廣告手法

目前主要的網路廣告有幾種不同的類型：

➲ 利用搜尋引擎的網路廣告或關鍵字行銷

網路使用者目前都習慣透過搜尋引擎以特定的關鍵字查詢網站、資訊、商品、圖片……等內容。問題是，在網際網路的世界中有無數同類型或相似的網站，即使你有自己的網站或部落格，也未必能在網友利用搜尋引擎搜尋時被順利的找到，或者優先出現在前面的搜尋結果頁面中。

全世界充斥幾十億個網站，要怎麼樣才能讓上網者快速找到你的網站，最簡便的方式就是在一些主要的搜尋引擎上登錄你的網站和網址。

但是隨著登錄的網站數量越來越龐大，個別網站要被快速搜尋到的機率也相對降低，一些主要的搜尋引擎網站趁此機會推出必須付費才能排序在前面的收費方式，之後又推出「關鍵字行銷」的服務，購買此服務的廠商依據排序以及點閱率支付費用，點閱率越高者費用也越高，搜尋引擎藉此服務賺錢，廠商則利用此服務增加自己網站被搜尋及點閱的機率。

➲ 網站輪播式或固定式廣告

廠商除了利用自己的網站作宣傳之外，為了提高網友的到訪率，有時候不得不花錢在一些知名而又有龐大流量的網站上登廣告，藉著網路廣告的連結功能將上網者吸引到自己的網站。

在網站中的廣告最常見的是輪播式或固定式的廣告，固定式廣告在一定的時間內一定會出現在網頁中，輪播式廣告因為是和別家廠商的廣告輪流播放，所以網友錯過沒看到廣告的機率相對較高。

除了輪播式或固定式廣告，還有跑馬燈式的廣告和跳彈視窗的廣告，這類廣告因為是動態的，容易引起網友注意但是也會被認為造成干擾。

一般選擇網路廣告時都會考慮配合網站的屬性，例如在交友網站賣鮮花或巧克力；在理財網站賣金融商品都是不錯的選擇……。

➲ 在社群發佈訊息

社群成員具有高度的同質性，所以有些廠商可以鎖定對本身商品可能

有興趣的社群，在社群中的留言板或討論區發佈商品訊息。最典型的例子就是無名小站以網路相簿起家，因為累積了龐大的使用會員，一些廠商看中它可觀的流量而願意付費在此刊登廣告。

➡ 運用eDM與電子報

前面幾種網路廣告的方式都是將廣告訊息放在特定的網路空間中等人上來閱覽，基本上是比較被動的守株待兔方式。另一種網路廣告手法則是利用電子傳單eDM和電子報ePaper，針對特定的對象將廣告訊息主動寄送到對方的電子信箱中。

使用eDM除了可以直接將廣告訊息發送給鎖定的目標客戶外，還可以在eDM中設計具有回覆功能的電子信函，收信者若對訊息中的內容有興趣可以直接回覆或完成訂購動作，大幅提高交易的效率。ePaper是網友同意訂閱後才會寄送至其電子信箱，因此不會有濫發垃圾信件的問題。

➡ 利用超人氣網站的網友轉寄行銷

近年國內外有許多超高人氣的影音網站或社群網站，如YouTube，Facebook，Twitter；這些網站每天的瀏覽人次以百萬或千萬計，在這些網站Po上影音短片或一些圖文訊息，如果可以引起許多網友的點閱甚至轉寄，往往可以達到一夕爆紅的效果。

例如：英國的蘇珊大嬸、台灣的小胖林育群、大陸的超女，因為在選秀節目的表現極為亮眼，比賽實況被PO上前述網站後立即擁有極高的點閱率，再經過網友之間的轉寄，更使得這些素人在極短的時間內成為全球媒體的焦點。

♻ 2.網路廣告的特色

網路廣告和傳統廣告有一些本質上的不同；網路廣告具有以下幾項特色：

➡ 雙向互動交流

傳統的廣告，閱聽人都是被動接受廣告主的訊息，網路廣告的閱聽人則並非單向接受資訊而可以主動選擇自己感興趣的內容。

利用e-DM進行網路行銷可以在e-DM中加上顧客回函的程式功能，方便客戶立即回覆並留下個人的電話、e-mail、地址……等資料，個人在網路中註冊或登錄個人資料後也可以立即收到網站的註冊確認信函，既方便又省時。

➡ 無時空限制，涵蓋率、滲透率高

傳統廣告須掌握閱聽率最高的時段播放，而所謂的黃金時段就是一天當中短短的幾個小時；而且傳統廣告如果要擴大閱聽範圍，例如全國性的廣告所須投入的費用將極為驚人；網路廣告則沒有時空的限制，滲透率可謂無遠弗屆。

➡ 內容多元、靈活

傳統媒體多半有其限制，例如：電視廣告不適合長篇大論說理性的文字；平面廣告完全靜態，不夠活潑，而且無法透過影像及聲音表現商品特色；廣播廣告只有聲音限制更多；而網路廣告則兼具各種優點，不僅有文字、圖片，還有聲光、影音及動畫，尤其透過超文字連結及動態程式可以串連無數的網頁，這些都不是傳統廣告所能比擬。

➡ 即時性

傳統廣告一旦製作完成要修改非常麻煩，網路廣告則可以隨時上網播放也可以隨時修改；透過網頁的特殊設計也可以讓閱聽者在網頁上做出即時的購物或回覆等立即反應。

➡ 可統計性

傳統廣告播出後要評估廣告效果及顧客反應是一件頗為麻煩的工作。網路廣告透過流量統計軟體以及網頁點選次數，可以統計每個廣告被瀏覽

的次數，可以讓廣告主或廣告代理商更精確地衡量廣告效果。

3.網路廣告V.S.傳統廣告

自從網路普及後已對傳統廣告構成嚴重威脅。

根據統計，上網人口一天花費在網路的時間遠遠超過看電視聽廣播的時間，這意味著許多人視覺的焦點已從客廳的電視逐漸移到書桌上的電腦，因此電視廣告對閱聽眾的觸及率也已大不如前（這點可從熱門節目收視率也都僅有2～4個百分點可以得到證明）。

以往報紙的廣告以房地產廣告、商品廣告、人事廣告為最大宗，但是目前網路上充斥著許多房地產租售網站、購物網站及人力銀行，許多廣告主基於成本與效率的考量，將許多廣告預算挪動到網路廣告上，使得傳統廣告的預算大餅遭大幅刪減，也讓仰賴這些廣告的媒體面臨經營上極大的壓力與困境。

廣告代理業者也同樣面臨衝擊，多年來他們已非常嫻熟傳統廣告的創作與表現手法，和這些傳統媒體也有多年的合作關係，但網路廣告的創作，設計與表現迴異於傳統廣告，廣告從業人員必須學習與提升自己的網路知識與應用能力，才能因應新的媒體生態與環境。

Lesson **4**
廣告訴求

前面談到了各種廣告媒體以及廣告物的特性,接下來我們看看廣告有哪些不同的訴求類型與表現方式。

不論你是企業的行銷企劃人員或者是廣告公司的創意人員或AE,當你準備要提出一份廣告企劃案的時候,你就要思考針對閱聽人打算採取哪一種廣告訴求的方式。一般常見的廣告訴求方式有以下幾種:

理性訴求

理性訴求就是在廣告中透過說理、分析、比較,說明商品所帶給消費者的實質好處或者利益,例如:商品的品質、功能、經濟性,或者整體的績效表現,藉此爭取消費者的青睞。

一般而言,消費者對於耐久財、使用頻率高的商品以及高價位的商品比較會採取理性的購買行為,也就是在購買之前會搜集商品的相關資訊,詢問親朋好友的意見,並且對各種品牌仔細比較,針對這類商品就適合採

取理性訴求的方式。

例如：電腦、多功能事務機、數位相機、手機和ADSL服務，就經常採用理性訴求的方式。像電腦廣告幾乎都會標示出硬碟和記憶體的容量、運作的速率、視聽音效的功能、繪圖的功能等等；照相手機則會標示有多少畫素以及是否有藍芽無線通訊、手機上網及PDA等功能；通訊系統業者和ADSL業者最常用的訴求方式就是在費率上的比較，這些都是採取理性訴求的策略。

一般的日用品像洗衣粉、洗髮乳或飲料也常常會採用理性訴求的廣告策略，例如：洗衣粉強調可以去除頑垢，或者很少的用量就可以洗淨衣物；洗髮乳強調潤絲、護髮、抑制頭皮屑、不會分叉等利益；飲料中的優酪乳也會在廣告和商品包裝上比較自己和競爭品牌的含糖量等等，都是常見的廣告訴求內容。

感性訴求

理性訴求是直接訴諸消費者的利益，感性訴求則通常用比較能打動消費者情緒的方式來傳遞商品的訊息。

例如，中華豆腐在廣告片中的口白「慈母心，豆腐心」，將母親對子女以及對家人的愛心比喻成像豆腐一樣柔軟，而且在母親節的前夕推出這樣的廣告，讓全天下的子女更能感受母親的慈愛與對家庭的付出；「新萬仁關心千萬人」也是採用類似的訴求。

依莎貝爾在多年前推出的結婚喜餅廣告，影片中男主角一句「我們結婚吧」的真情告白讓無數女子為之怦然心動；而另一則「鑽石恆久遠，一顆永流傳」的鑽戒廣告以及鐵達時手錶的廣告詞……「不在乎天長地久，只在乎曾經擁有」，不僅動人心弦，更成為歷久不衰的經典口白。

恐嚇訴求

廣告除了採用正面的訴求以刺激消費者採取行動之外,也可以透過一些負面的訴求勸誡或者警告消費者不要採取某些行為,或者必須採取某些行為來防止不利事件的發生;這樣的訴求方式就稱為恐嚇訴求。

例如:董氏防癌基金會的廣告勸誡社會大眾不要吸煙以免危害健康;甚至為了提高廣告的效果,將因為吸煙罹患肺癌病人的X光照片展示出來,以加強嚇阻作用。

安泰人壽曾經推出一則死神廣告,片中一個死神裝扮的人如影隨形地跟著劇中人物,藉此表達「意外無所不在,風險無所不在」的觀念,提醒消費者應該要有居安思危的風險意識,因此應該透過保險來降低人生中無所不在的風險。

政黨之間的競爭也常運用恐嚇訴求的手法打擊政敵爭取支持,例如民進黨為阻止國共簽署兩岸經貿架構協議(ECFA),持續宣傳簽署ECFA將衝擊台灣三百多萬就業人口,並造成農業與傳統產業的重大損失,藉此爭取農民、傳統產業就業人口的支持與選票。

道德訴求

道德訴求是訴諸個人心中的道德感、正義感、同情心、憐憫心,藉此呼籲人們去做一些利益他人、利益眾生的事,像是生態保育、垃圾分類、維護治安、幫助弱勢團體與個人等等。

例如:孫越長期擔任公益廣告的代言人(呼籲孩子不要深夜逗留街頭早點回家);921大地震、汶川大地震所發動的賑災募款以及聯合勸募,還有創世基金會「順手捐發票,救救植物人」,都是以道德訴求感動人心的公益廣告。

　　這幾年地球暖化現象越來越嚴重，已經對地球生態造成重大的破壞，澳洲長期乾旱，北極和南極的冰山快速崩解溶化，預期幾十年後海平面上漲將可能使地球表面的大部分陸地沉入海裡，為了拯救人類滅絕的迫切危機，美國前副總總統高爾巡迴全球演講，並且將世界各地因為暖化造成的恐怖結果拍成記錄片「不願面對的真相」，藉此喚醒世人的警覺。福斯汽車Volvo在電視上也打出一則廣告呼應地球暖化主題，同時呼籲大眾共同珍惜地球，挽救下一代的未來，內容則是福斯汽車推出了一款採用新燃料的車種，可以降低二氧化碳的排放量，這也是一個掌握時勢脈動並且將公眾道德和公司商品連結的典型案例。

 # 生理訴求

　　廣告的另一種訴求方式是引發消費者生理上的欲望和需求，進而採取消費行為。

　　例如：旅狐休閒鞋有一篇平面廣告，畫面上一男一女的身體幾乎交疊在一起，但是畫面中刻意不露出兩人的臉孔，卻聚焦在下半身，而在兩人的腳上所穿的都是旅狐休閒鞋，這是一種透過性暗示的方式引起消費者對廣告好奇與注意的手法。

　　有線電視某些頻道常有一些0204電話的電視廣告，都是以穿著清涼的辣妹為號召，藉由挑逗的言詞和撩人的姿態，讓一些男性觀眾想入非非進而撥打付費聊天的電話；許多線上遊戲為了吸引宅男也都是以穿著惹火的辣妹以曖昧的言語及肢體動作，來觸動宅男參與線上遊戲的欲望。

　　另外像遊樂園區的廣告片中常出現雲霄飛車、大怒神、自由落體等驚險刺激的畫面，吸引一些喜歡冒險和追求極速快感的消費者躍躍欲試。

　　食品廣告也常運用生理訴求的廣告策略，像波卡洋芋片的廣告中小孩吃洋芋片時發出咔滋咔滋的聲音，以及肯德基吮指雞廣告片中消費者吃炸

雞還拚命吮手指頭，一副意猶未盡的模樣，都是藉由廣告畫面刺激消費者生理欲望的訴求方式。

 ## 嫌惡訴求

針對人們對某些事物的嫌惡，提出可以避免或反制的方案，例如，香港腳、口臭、狐臭、禿頭、減肥、滅鼠、剋蟑等藥物的廣告，就經常使用用此種訴求。

 ## 趣味訴求

為了抓住消費者的目光或者留下深刻印象，有些廣告會採取趣味訴求的方式。

京都念慈庵潤喉糖的廣告，借用孟姜女哭倒萬里長城的故事，找了一位長相喜感的女諧星飾演孟姜女；蠻牛提神飲料則找了一位瘦弱逗趣的男星飾演被胖老婆凌虐的受氣包；和信電訊藉由女性和親友的對話「這個月沒來，下個月也不會來」讓人以為講的是女性的生理問題，實際上卻指的是……「帳單下個月不會再來」；瘦身茶飲料以一個身穿旗袍頂著西瓜髮型的矮胖女子作為擬人化的「膽固醇小姐」，攀爬在大吃大喝的中年男子身上，引喻飲食不節制將被膽固醇纏身……像這些廣告都是用詼諧逗趣的短劇或對話讓觀眾覺得非常有趣而對廣告留下深刻的印象。

 ## 懸疑訴求

世界頂尖的魔術師大衛‧考伯菲（David Copperfield）曾公開宣示要在某一特定時間讓矗立於紐約的自由女神像在世人親眼見證下憑空消失。近年在台灣與中國內地聲名大噪的魔術師劉謙也曾公開宣佈他可以精確預

言十幾天後台灣各大報當天的頭條新聞。這種充滿神奇與懸疑的操作手法立刻獲得媒體大篇幅報導，而且在正式表演當天更是創造了極高的收視率。

多年前有一支廣告也將懸疑訴求發揮到淋漓盡至，廣告主砸重金買下巨大的報紙版面，首日卻是呈現一片空白，之後幾天才一點一點地將廣告內容逐步揭露，在此過程中既吊足觀眾的胃口並且創造了很高的話題性。

世界知名的魔幻小說「哈利波特」持續出版六、七集都在全球熱賣，系列電影也在全球擁有頗高的票房。作者蘿琳在撰寫其中第六集「哈利波特與混血王子」時，運用媒體對外聲稱有幾名書中的要角將在本集中喪命，但卻堅不透露喪命的究竟是誰，因此引起了全球哈利迷的好奇與焦慮，並形成廣泛的猜測與討論，當書籍一上市，書迷立刻迫不及待地排隊搶購，希望一解心中的謎團與不安。蘿琳就是以賣弄懸疑的手法充份掌握了粉絲的好奇心，並成功地為新書與新片製造話題。

Lesson **5** 廣告表現方式

在確定了廣告的訴求方式之後，接下來要跟讀者談的就是要用什麼樣的廣告表現手法將廣告訊息具體地呈現出來；一般常見的廣告表現方式有以下幾種：

功能說明式

如果廠商的商品在某種特定的功能上有卓越的表現，而且明顯優於其它的競爭品牌，那麼就很適合採取功能說明式的廣告表現手法，也就是在廣告中強調商品獨特的銷售賣點（USP，Unique Selling Point）。例如，同樣是洗髮乳，多芬強調它的乳霜成份和滋潤效果，海倫仙度絲主打去頭皮屑的功能，落健強調有助於預防毛髮的脫落，絲逸歡則著重修護毛髮，增添髮絲光彩……。

比較式

比較式的廣告通常具有某種挑戰競爭品牌的意味；廠商之所以選擇這種比較式的廣告表現，代表了對自己的商品在某些特色上具有強烈的自信。

例如有一段時間，在媒體報導市售優酪乳含糖量偏高之後，光泉立即在報紙上刊登大幅的廣告，以表列的方式詳細比較光泉品牌與統一、味全等優酪乳的各項成份，說明自己是含糖量最低的優酪乳。另外像金融業有一段期間為了爭取信用卡的客戶，紛紛推出信用卡的代償方案，並且在廣告中將自家銀行的貸款利率與貸款額度和其它銀行作詳細的比較，藉此爭取其它銀行的信用卡客戶轉貸。

518人力銀行及YES123求職網是人力銀行業（或人才徵聘產業）的後起之秀，為了快速搶占市佔率，在其廣告策略上都鎖定了第一品牌104作為主要的挑戰對象；YES123求職網主打買兩個月會期加送一個月會期的低價策略，並挑明已在104登錄個人履歷的求職者轉換至YES123求職網時不必再花費時間重填履歷；518人力銀行則在廣告中找謝震武律師代言，宣誓企業在518求才不僅現在不收費，未來也絕不收取任何費用，藉此希望原本在104等人力銀行付費徵才的企業會員轉而使用518人力銀行作為企業求才的工具與平台。

比較式廣告因為涉及對同業競爭者的直接批評，較易激起同業的反制與攻擊。

隱喻式

我們也看過一些廣告並不是平鋪直敘地訴說商品的優點，而是採用一種比較委婉含蓄或者曲折隱晦的方式來傳遞商品的訊息或意象。

　　在廣告業界曾經名噪一時的意識型態廣告公司就是習慣採用隱喻式的廣告表現手法。當年它們推出一系列的斯迪麥廣告，每一種顏色的口香糖都有一部自己的廣告片，而這些廣告片多半採用意識流的拍攝手法。例如其中一支廣告片以高中男生為主角，對著只知道要求學業成績單的父母高聲吶喊著「我有話要說」，充份展現青少年在叛逆期因為和父母溝通不良的一種強烈情緒反應，而這支廣告也因為迎合了青少年的心理，讓斯迪麥口香糖獲得不錯的銷售成績。不過斯迪麥廣告因為一直賣弄意識型態的廣告手法，也曾經推出「貓在鋼琴上昏倒了」這種無厘頭式的廣告口白，而讓人產生過猶不及的感覺。

　　另外有一支頗為經典的隱喻式廣告是麥當勞的廣告，畫面中完全沒有音樂和口白，只看到一個來回擺動的搖籃，在搖籃裡面則是一個嚎啕大哭的嬰兒，搖籃在擺動了幾秒鐘之後，嬰兒突然停止哭泣，瞪大了雙眼直視前方，並且在轉瞬間破涕為笑，下一個鏡頭則是在畫面中逐漸淡入麥當勞的金色拱門。這支廣告片雖然沒有任何的口白和文字，但是卻很巧妙地傳達了連嬰兒都喜愛麥當勞的意象，而且廣告的表現手法很特別也很有趣，讓觀眾印象深刻。

　　近年來網路盛行，許多成天坐在電腦前上網卻拙於發展人際關係與感情表達的宅男成為為數頗眾的消費人口，許多線上遊戲的廣告便紛紛推出身材火辣臉蛋清純的「宅男女神」為廣告代言。例如：童顏巨乳的瑤瑤坐在前後擺動的木馬上高喊「殺很大」，以及以西遊記為背景的線上遊戲找辣妹反串孫悟空，以帶有性暗示的雙關語要和唐僧共同「取經」，都是藉由眼神、肢體動作及充滿曖昧的性暗示語言挑動消費者的欲望。

　　電影「變形金剛」女主角性感女明星梅根福克斯為某品牌內衣代言，廣告場景是她居住於某一旅館中，客房男服務員進房為其服務時，梅根在房內一角更換內衣，服務員餘光瞥見後心頭小鹿亂撞，故意在房內徘迴逗

留，由於影片拍攝手法高明傳神，網友將影片瘋狂轉寄，使該品牌內衣瞬間爆紅。

 ## 證言式

廣告多半讓人覺得是廠商在老王賣瓜自賣自誇，為了提高廣告的說服力，於是會找商品的消費者或顧客現身說法。

曾經有一段時間，信義房屋和多芬洗面乳都選擇了證言式的廣告表現方式，而且反覆播放了一段很長的時間。畫面中只看到顧客一個人像是在接受採訪以及與人對談，藉著消費者個人的獨白，表達他們對於廠商的商品以及服務的態度。

信義房屋和多芬洗面乳廣告所找來的多名受訪者都不是知名的人士，而是一般的上班族或小市民，他們的言談自然誠懇，讓觀眾很容易相信這確實是他們的親身體驗與感受，也增加了對廣告的信賴度。

證言式廣告的關鍵在於它的真實性與可信度，如果是虛構的見證人不但無法取信於人還可能涉及刑責。

另外一個曾經長期採用證言式廣告的案例是在有線電視頻道中長期播放的「謝老師青草瘦身茶」，在廣告中有多達二三十位演藝圈的明星以見證人的身份表示自己飲用瘦身茶之後的效果，這一系列廣告曾經創造很高的商品銷售業績，但是後來被舉發商品不但沒有廣告聲稱的效果，還有消費者飲用後發生重大的不良反應。後來根據調查，二十幾位擔任商品見證人的演藝明星並沒有真正長期飲用這個品牌的瘦身茶，因此也被檢方約談。

演員趙舜患有糖尿病且曾數度中風，某一名為「消渴賜爾康」的產品有一段期間就以趙舜為代言人，每天強力播放其廣告。趙舜是否真因為該產品而痊癒不得而知，但由於趙舜的病情確有其事，因此其證言也會較具說服力。

名人推薦式

　　和證言式廣告類似的是名人推薦式的廣告，這種廣告通常會找一些具有高知名度的公眾人物來為商品代言，但是從廣告的表現手法上卻又不像證言式廣告那樣明顯地將代言者設定為商品的真正購買者或使用者。

　　在各類的商品中都可以看到名人推薦式的廣告，例如SKII長期以蕭薔為代言人，澎澎沐浴乳以天心代言；柯尼卡軟片以李立群代言，麥斯威爾咖啡以孫越代言；林志玲、吳宗憲、張菲、張惠妹、關之琳都是房地產廣告最喜歡找的代言人。

　　名人推薦式廣告比較不像證言式廣告那麼具有真實性，消費者大概不會因為看到張惠妹、關之琳為某個房地產建案代言，就相信他們真的有買那個建案的房子；只不過因為這些明星的高知名度和高人氣，出現在廣告畫面中比較容易抓住消費者的注意力。

 # 故事式

　　用一段虛構的故事作為廣告表現的手法比較少見，最有名的案例是多年前泛亞電信推出的小沈與胖子的系列廣告，它採用了類似連續劇的廣告方式，讓觀眾對劇情產生好奇與期待，這一系列的廣告不但打響了泛亞電信的名氣，也捧紅了廣告裡的兩位男主角。

 # 音樂式

　　台灣從很早就有音樂式的廣告，像大同電視的廣告「大同大同國貨好，大同產品最可靠」的歌聲配合大同寶寶玩偶的推出，這首廣告歌曲幾乎傳遍大街小巷；另外像「乖乖」、「小美冰淇淋」、「凍凍果」、「綠油精」都是非常膾炙人口的廣告歌曲，至今仍喚起許多消費者對數十年前

那段歲月的記憶。

之後像黑松飲料以張雨生主唱的「我的未來不是夢」作為襯底音樂；青箭口香糖有一支廣告片是由王宇婕和一個男生在雨中嚼食口香糖，背景音樂則是西洋歌曲「雨的旋律」；另外像周華健主唱的「心的方向」是某個機車廠牌的廣告主題曲；葉璦菱當年為歐香咖啡主唱的歌曲「我想」不僅在當時造成轟動，也讓歐香咖啡的知名度和業績大幅攀升；全球知名的百事可樂公司也曾經不惜巨資請麥可‧傑克森代言拍攝音樂廣告片，當年轟動一時成為廣告界的盛事。

音樂式的廣告如果詞曲優美動人，對商品可以產生極大的加分效果，而且音樂式的廣告很容易被消費者所記憶，大同和綠油精的廣告歌曲歷經了數十年，仍然能被消費者記憶與傳唱就是很好的證明。

音樂不只用在商業廣告，也常被用在政治動員與宣傳廣告，早在數千年前楚漢相爭之時，韓信以十面埋伏將項羽大軍圍困於垓下，夜半時分以「四面楚歌」配合哀傷悽切的笙樂，撩撥起楚軍思念故鄉的愁緒，一夕間楚軍士氣瓦解，項羽最終也只能以自刎於烏江結束自己的霸業與生命；抗日時期一首「松花江上」讓九一八事變後被迫遠離故鄉的東北軍民在數千里之外燃起濃烈的思鄉之情，恨不得立即請纓殺敵收復故土；近年台灣的大型選舉，新黨的「大地一聲雷」及陳水扁的「台北新故鄉」都為自己陣營激發高昂的士氣與凝聚強烈的向心力；紅衫軍倒扁運動時編曲由趙詠華主唱的「紅花雨」也以低沉感傷的旋律撫慰日夜守在凱達格蘭大道抗爭的群眾，可見音樂在鼓舞或撫慰人心方面常能發揮巨大的驚人力量。

動畫卡通式

廣告也可以採用動畫卡通式的表現手法，例如：NIKE運動鞋以動畫黑影和真人結合的廣告片相當特別而有趣。早年有一支水瓶座飲料的廣告用

電腦動畫製作出一個在埃及沙漠的人面獅身像，水瓶座飲料讓這個「亙古以來最渴的人」在荒漠中如飲甘泉；還有金頂鹼性電池的廣告中那隻打鼓打得特別持久的兔子也是動畫卡通式的傑作。

現場展示式

如果產品本身在使用當時即可明顯看出效果或為了解說產品的使用程序，則採用現場展示的訴求方式極具效果，例如：購物台賣鍋具、健康器材、影音播放器、寢具、服飾等都是採用人員現場展示的方式，往往可以打動觀眾激起購物的欲望（網路商場中的服飾店也常找靚女辣妹擔任服裝模特兒，常能創造不錯的銷售業績）。

置入性行銷

置入性行銷表面上不具廣告的形式，而是以付費方式刻意地以不引人注目的手法將產品訊息放置於電視節目、電影中影響觀眾對產品的認知。這種手法搭配節目內容或電影戲劇的情節，在閱聽者閱聽的同時順便接收產品訊息，減低觀眾對廣告的抗拒心態，並轉而對產品產生心理認同。

例如，國外戲劇「欲望城市」中女主角身上穿戴的各種名牌商品，007系列電影中男主角的手錶、汽車，韓國偶像劇中男女主角使用的手機，在劇情進行時常會刻意將鏡頭帶到這些物品上，觀眾也因此在不知不覺中接收到產品訊息進而因為對劇中人物或劇情的投射而對產品產生好感。

Lesson **6**
廣告管理的
主要決策

在了解廣告的目的、類別、訴求的方式以及表現的手法之後,再談談
廣告管理的主要決策:

廣告管理的主要決策包含了以下幾個重點,我們可以用5W2H來表示。

設定廣告目標
WHY TO SAY

設定廣告的預算
HOW MUCH TO SAY

設定閱聽目標群
WHOM TO SAY

決定廣告訊息和表現手法
WHAT TO SAY & HOW TO SAY

選定媒體與刊播計畫
WHEN & WHERE TO SAY

所謂的5W2H就是：

1. WHY TO SAY 為什麼要做廣告，也就是廣告的目的是什麼？

2. HOW MUCH TO SAY 有多少的廣告預算？

3. WHOM TO SAY 廣告的溝通對象是誰？

4. WHAT TO SAY 廣告要傳遞什麼樣的訊息？

5. HOW TO SAY 廣告要如何表現？

6. WHEN& WHERE TO SAY 廣告要在哪裡出現？運用哪些媒體？什麼時段？多大的版面和篇幅？

緊接著，就來說明這幾個主要的廣告決策

 # 設定廣告目標 WHY TO SAY

前面提到廣告有多重的目的，但是在單一廣告中如果想要同時達到多重的目的將會使廣告的內容失焦，因此首先要釐清這次廣告的目標是什麼，是訊息的告知？增加銷售量？還是改變消費者的態度？是建立消費者的品牌偏好？還是促成購買行動？是建立品牌的知名度還是改變品牌的定位？

因為廣告目的是廣告運作的基礎，因此行銷企畫人員和廣告公司必須經由共同的討論確立廣告所要達成的目標，並且以此作為檢視廣告成果的標準。

舉例而言，如果奶粉廠商的廣告目標是希望讓原有的消費者增加使用的頻率，廣告中就會鼓勵消費者不但在早餐時喝牛奶，在晚上讀書看報時都可以泡一杯牛奶補足精神與體力。又例如嬌生嬰兒乳液與洗髮精的廣告目標是要將它的使用者由嬰兒擴大到成年人，所以就依據這個目標擬訂它的廣告詞……「讓你擁有嬰兒般的肌膚」以及「寶貝你的頭髮」，藉此訴求將產品延伸到成人市場。

 # 設定廣告的預算 HOW MUCH TO SAY

　　廣告是很花錢的活動，所以廣告一定要用在刀口上不能有絲毫的浪費。而為了控制廣告的支出，就必須編列廣告的預算。一般常見的廣告預算編列法有：目標任務法、銷售百分比法、競爭對等法、經驗判斷法、配合產品生命週期法等等……。

1.目標任務法

　　行銷企劃人員設定了廣告目標之後，也列出為了達成這些目標所必須執行的任務，並且估算執行這些任務所需要付出的成本。例如：廣告需要多少的觸及率、平均的接觸次數，以及達成這些數據必須投入多少的廣告製作與播放成本。

2.銷售百分比法

　　編列廣告預算最普遍的方法是銷售百分比法，它通常是以前一年的銷售金額或者未來的銷售金額作為基礎，乘上某個百分比就可以得出所需要的廣告預算。至於百分比該訂多少則會依據公司政策或參考過去的經驗及業界的水準而定。

　　銷售百分比法的優點是簡單，但是也有明顯的缺點，例如廣告支出雖然和銷售金額可能有關係但並不是呈現必然的比率關係，而且如果廣告預算是依據前期的銷售金額而定，那麼銷售金額增加廣告預算跟苔往上漲銷售金額下跌廣告預算也跟著減少，這是不合理的作法，例如當商品已經具有相當高的知名度銷售金額也維持在高檔，這時候即使減少廣告支出也不會造成銷售金額的下降；反之，如果前期的銷售業績不佳，可能正需要加強廣告的支出來刺激銷售，如果廣告支出跟著銷售金額下降可能會使情況雪上加霜。

3.競爭對等法

競爭對等法是以主要的競爭廠商或者競爭品牌的廣告支出為基準,來制訂本身的廣告預算,以便和競爭者能夠維持某種程度的平衡。像可樂界的兩大龍頭企業可口可樂和百事可樂就經常以對方的廣告量作為決定本身廣告支出的重要標準。

4.經驗判斷法

有些公司的廣告預算是由主事者依據過去的經驗而決定支出的數額,這種方法雖然主觀但是卻相當普遍。

5.配合產品生命週期法

這種方法是依據產品或者品牌目前處於產品生命週期的階段來設定廣告的預算。例如:新產品上市階段為了打響知名度而編列比較高的廣告預算,在成熟階段則只維持較低水準的廣告支出。

設定閱聽目標群 WHOM TO SAY

廣告的功能是溝通,所以必須確立廣告想要溝通的對象,而這就和前面所談過的市場區隔有關。廣告所要溝通的就是經由市場區隔化之後所選定的目標對象;一旦確定了廣告所要溝通的對象,才能進一步指出他們對什麼訊息有興趣,用什麼方式和他們溝通比較有效。

決定廣告訊息和表現手法
WHAT TO SAY & HOW TO SAY

在設定廣告目標以及廣告預算之後,接下來則是決定廣告的訊息,例如廣告的文案、使用的圖表、影像、聲音以及廣告的表現手法;這些都是

廣告公司的重頭戲，也是廣告公司發揮專業與創意的部分。廣告公司內部的人員包含策略指導、創意、美術、攝影，以及負責和客戶對口的AE，必須準備至少一套的廣告內容方案向廣告主提案，在和廣告主討論方向及內容確定之後再執行廣告內容的製作；如果廣告公司本身沒有製作部門，則會將這個部分委託外界的製作公司製作廣告內容。

決定媒體 WHEN & WHERE TO SAY

媒體計畫在廣告運作中佔了很重要的地位，因為廣告預算大概有八成以上是花在媒體上面。

如同前面所談的，不同的媒體各有其特性和優缺點，因此除非廣告預算有限，否則一般都會選擇兩種以上的媒體將廣告訊息傳遞出去，以爭取更大的廣告接觸率與次數。

在選擇媒體時要考慮的包含了期望的觸及率、廣告頻率、媒體類型、媒體成本以及曝光時間等因素。一般廣告公司都會提供詳細的分析表給廣告主參考，並且依據這些資訊選定媒體以及每月、每週、每天廣告播放或刊登的時段或者篇幅。

廣告效果評估

廣告播放和刊登一段期間之後，必須針對廣告的效果進行評估，例如在廣告播放一段期間之後經由專業的調查統計，檢核消費者態度的改變；品牌知名度是否提升以及銷售量的變化等等。如果沒有達到預期的廣告效果，就要找出原因並且修訂廣告計畫，例如是否商品的定位錯誤，目標市場是否需要找出新的區隔變數，是否要更換媒體以及廣告曝光的頻率，甚至包括廣告的文案、口白，以及廣告片的主角都在檢討的範圍。

■廣告業務關聯圖：

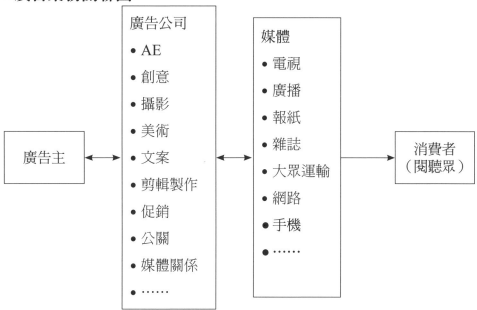

■主要媒體特性比較：

電視	報紙	雜誌	電台	網路
■兼具影像聲光，滿足視覺與聽覺，易引起注意 ■傳播涵蓋範圍廣 ■可大眾或分眾廣告 ■費用昂貴 ■廣告時間短，不適合作詳細完整訴求	■靜態圖像或文字，可較長時間閱覽 ■可做全國或地區性廣告，涵蓋面廣 ■可傳達較完整訊息，適合理性訴求 ■費用高 ■印刷粗糙，圖像效果不佳	■靜態圖像或文字，可較長時間閱覽 ■依讀者屬性可作適當區隔與分眾行銷 ■僅能觸及較少之特定讀者 ■可傳閱及反覆閱讀 ■須配合出刊日，即時性差，發行量與閱讀量不一致	■只有聲音無圖文影像 ■廣告時間短暫 ■可全國或地區性廣告 ■廣告口白很重要，須瞬間吸引注意 ■僅能觸及較少之特定聽眾	■兼具影像聲光圖像文字動畫，內容豐富多元 ■傳播範圍極廣 ■廣告可被閱聽之時間長 ■可大眾或分眾廣告 ■即時性高，且可與閱聽者互動 ■刊播時間較不受限 ■網站多，廣告訊息多，易分散注意

■媒體刊播表：

媒體別	媒體名稱	第一週	第二週	第三週	第四週
報紙	中時	全15批	全15批*2		
	聯合			全15批*2	全15批*3
雜誌	天下	封底	封底	封底	封底
	商業周刊	封底	封底		
	今週刊			封面	封面
	財訊	內頁	內頁	內頁	內頁
電視	中天（全民亂講）	15秒*20支	15秒*20支		
	中天（康熙來了）	15秒*20支	15秒*20支	15秒*20支	15秒*20支
	中視（超級星光大道）			15秒*20支	15秒*20支
	東森（關鍵時刻）	15秒*20支	15秒*20支		
海報		10000張	10000張	10000張	10000張
DM		5000封	5000封	10000封	10000封

■廣告預算分配表：

媒體別	媒體名稱	一月	二月	三月	四月
報紙	中時	200萬			
	聯合	200萬			
雜誌	天下			100萬	100萬
	商業周刊	120萬	150萬	100萬	
	今週刊	120萬	150萬		
	財訊	120萬	150萬		
電視	中天（全民亂講）	500萬	500萬		
	中天（康熙來了）	300萬	300萬		
	中視（超級星光大道）			500萬	500萬
	東森（關鍵時刻）			200萬	200萬
海報		10萬			
DM		10萬	10萬		

Lesson **7**
公共關係報導

　　除了廣告之外，企業也常運用公共關係報導向社會大眾以及消費者傳遞企業或商品的訊息。

　　在台灣實務的操作中，公共關係報導和廣告不同的地方在於廣告是必須付費的，而公共關係報導則不需要付費，通常是行銷人員或者廣告代理商運用他們和媒體的關係，請它們對企業或商品作公開的報導。雖然報導的資料和素材是由行銷人員或廣告公司提供，但是執筆者多半仍是媒體的工作者，因此對於報導的內容比較難完全掌握。

　　大型企業通常會設立公共關係部門或委託專業的公關公司為其規劃與執行各種公關活動，這些公關活動並非直接與商品相關，而較偏重在下列活動：

1. 媒體關係：與媒體建立長期的良好關係，定期或不定期將有價值的資訊透過媒體發佈，以吸引大眾對企業與商品服務的關注。

2. 產品報導：以較類似新聞而非廣告的方式向大眾傳遞產品的訊息。

3. 企業溝通：包含內部與外部溝通，以增進員工或外界對企業的了

解。

4.遊說：與政府機構或民意代表建立關係，並針對特定有利或不利於產業發展的立法或政策進行遊說。

公共關係的操作與運用可以讓企業以較廣告迂迴的方式行銷企業的商品或樹立企業的形象，適當的運用可以和廣告相輔相成，獲得更佳的成效。

Lesson 8
促銷的方式

促銷通常是為了達到短期的銷售目標,而促銷的方式有百分之八十以上是和價格優惠有關的方案。

一般常見的促銷方式大致上可以歸納為下列各種方案:

加量不加價

加量不加價是以比較大的容器包裝更多的商品,卻以一般售價或降價銷售。例如:統一超商7-11推出巨量杯的可口可樂。

另外像量販店裡面常看到的「買一送一」或「買大送小」,將相同的幾個商品包裝在一起,其中額外多出的商品可以減價或甚至免費送給購買者,例如,將鮮奶和果汁一大一小或兩瓶包裝在一起,而以較低的平均價格販售。

三商巧福曾推出「超大盛牛肉麵」的促銷活動,部分餐點以增加30%的內容物讓顧客更為飽足。

以加量不加價促銷有兩種主要目的：

1. 為了快速消化庫存商品，提高商品的週轉率。

2. 吸引目前或者以往的商品使用者繼續消費，同時吸引新的使用者（但是這種效果比較不明顯，因為不喜歡這種商品的使用者不見得會因為量的增加而購買）。

 ## 卡友來店贈禮

多數百貨公司和購物中心都會和特定銀行發行聯名卡。以這張聯名卡到這家百貨公司、購物中心消費，除了可以享受優惠價格之外，還可以定期持卡免費獲得百貨公司購物中心的贈品。

卡友來店禮藉著低價贈品吸引消費者來到店裡，在領取贈品後多數會順便在店中停留消費。例如：SOGO和三越都常運用這種來店禮創造大量人潮，每次贈送卡友來店禮的時候總是造成大批卡友大排長龍從樓上延伸到樓下的壯觀場面。

發行聯名卡對零售通路業者還有以下兩個優點：

1. 業者藉由消費者申辦信用卡所留下的資料，可以隨時將特賣活動或者促銷訊息直接寄送到消費者的手中。

2. 目前的聯名卡都已換成IC晶片卡，可以記錄持有人的消費記錄，包含消費金額、購買品項、消費頻率等等，這些資料對於廠商進行顧客關係管理有很大的幫助。

另外，消費者憑聯名卡消費，通路業者還可以從發卡銀行分得部分收入。

 ## 當日消費滿額送

為了刺激客戶提高消費金額（也就是客單價），許多百貨公司在週年

慶的時候為了拉高每天的營業額，多半會採用這種促銷手法，而且還會依
照不同的消費金額贈送價值不等的贈品，讓消費者為了獲得更好的贈品而
增加消費。

例如：當日消費額滿五千元送小皮包，消費滿一萬元送全套餐具，如
果消費者想獲得贈送的禮品，就會額外支出來達到送禮的標準。

麥當勞曾經推出買套餐送Hello Kitty玩偶的促銷活動，吸引許多喜愛
Kitty的粉絲及兒童爭相排隊搶購，創造極為亮麗的銷售業績。

 ## 單次消費達定額，換折價券或摸彩券

這種方案是客戶當日消費達一定金額時就贈送折價券或是摸彩券。給
摸彩券或折價券各有優劣。摸彩券因為只是提供中獎的機會，消費者會因
此增加其當日消費額的效果未必明顯；折價券雖然確定有折扣的優惠，但
卻是下次消費時才可以使用，因此並無立即回饋的效果。

有些百貨公司在大型節慶時會推出買福袋抽大獎的活動，消費者花數
百或數千元就可以獲得可對獎的福袋，最大獎可能是價格高達數十萬元的
汽車，吸引許多消費者為了賭運氣而加入搶購福袋的行列。

 ## 累積點數換贈品或會員卡

為了促使消費者重覆購買及增加購買頻率，結帳時贈送顧客一張集點
卡或點券，點券累積達某個點數的時候就可以向商店兌換贈品或獲贈一張
會員卡（以後憑卡購物可以享受九折或八折不等的折扣）。這種累積點數
的方案，目的是為了鼓勵重覆消費以及對忠實客戶給予回饋。例如：誠品
書店、聯經書店、玫瑰唱片行都曾推出這種方案。三商巧福則針對顧客發
給集點卡，卡的背面有十個欄位，每來店消費一次就在一個欄位中蓋上店
章，十個欄位都蓋滿時即可獲贈一碗免費的店內麵食主餐。類似這樣的方

案也常應用在咖啡茶飲外賣店。

　　信用卡發卡銀行也常提出消費金額可換算點數並且依累積點數兌換贈品的紅利積點計畫。累積的點數越高所能兌換的贈品價值也越高（例如：花旗禮享家提供家電、日用品、飾品供顧客兌換）。

 ## 付費贈送

　　這種方案是當消費者在支付商品的價格之外，如果再額外付一筆費用，就可以用特價買到另一項特別的物品。

　　例如：買麥當勞特餐加少許的金額就可以加購各式造型的Hello Kitty；在屈臣氏購物再加少量金額可以買到泰迪熊玩偶；便利商店也曾經推出只要消費金額超過某個數字就可以免費獲贈公仔。有些消費者為了搜集全套的公仔，每次都會讓消費金額達到贈送公仔的標準，這也就達到了商店希望拉高營業額的目的。

 ## 多人消費一人免費

　　為了鼓勵更多人消費，商家會打出「多人同行一人免費」的促銷手法，例如：一些大型餐廳、旅遊業或是補教業者就曾經以這種手法吸引更多人呼朋引伴前來消費，麥當勞也推出二人同行第二份餐半價的促銷活動。

 ## 商品搭配販售優惠價

　　廠商有時候會將甲商品和乙商品搭配販售，而合買這兩種商品的價格會比各別購買這兩項商品的價格總和來得低。

　　搭配販售的商品可以是同一家廠商的商品也可以是不同廠商的商品，例如：為了搶占門號的市場占有率，行動電話的系統業者與手機業者合

作，以門號搭配手機銷售（一般都是由系統業者補貼售價的差額給手機業者）。

套裝型組合商品也是一種類似的促銷方法，例如一些傳銷業者就常以購買套裝商品作為新人加入成為傳銷商的最低門檻，而套裝商品的價格會遠低於分別購買各項商品的總價。

折扣

♻ 1.數量折扣

數量折扣是日常交易中常見的促銷手段，目的是為了刺激顧客增加購買的數量，當消費達到一定數量的時候給予價格折扣。有些量販店主動將衛生紙、牙刷、牙膏等日用品以大包裝方式低價出售，也是給予購買者一種數量折扣。

♻ 2.節慶折扣

節慶折扣最常見於百貨公司、購物中心、量販店等大型零售通路。因為逢節慶送禮是中國人多年的習慣，因此每年有幾個節日是業者實施這種策略的重要期間，包含新舊曆年、端午節、中秋節、母親節、父親節、情人節，賣場通常都會配合節慶推出應景活動或是商品特賣以招攬顧客。

♻ 3.換季折扣

這類促銷活動最常見於服飾業等具有季節性需求的行業，通常在季節更替前推出，而且折扣會著隨時間越來越低。

♻ 4.全面折扣

全面性的折扣常見於店面遷移、結束、清倉之時，廠商藉著低價出清存貨以換取現金。此外也有些店面以全店商品單一價作為訴求（例如：大

創百貨標榜全店的商品都是39元）。

分期付款優惠

一些高價的商品為了減輕客戶一次付款的壓力而以低頭期款及拉長付款期限的方式吸引消費者購買（例如：預售屋、家電、資訊產品、汽車都常採用分期付款策略。一般分期付款會加上利息，但是全國電子提供的12到36個月零利率分期付款方案為各家分店創造相當好的銷售業績）。

抽獎

舉辦大型抽獎活動是招攬顧客聚集人氣常用的促銷手法，獎項的多寡和價值的高低將影響抽獎活動參與的熱度。

當年京華城開幕期間曾經推出當日購物1000元以上即可兌換抽獎券，每日抽出十部價值五十萬元的休旅車，十天共送出百部汽車，這一項活動的推出在當時造成相當大的轟動並且被媒體大幅度地報導。

歷史悠久的讀者文摘雜誌，多年前也持續以抽獎的方式爭取新訂戶，它的做法是篩選出一些還不是訂戶的潛在對象，並寄上一份抽獎廣告信函，只要客戶在期限內回信並且成為訂戶，就有機會抽中數十萬元的獎金以及汽車等大獎。

每日一物

這種促銷活動是由零售業者每天選出一種商品，以遠低於市場行情的價格銷售，目的在藉此吸引來客，進而消費店內其它的商品。而且消費者為了買到每日一物的特價品，會持續關注商店每天的活動訊息。早年遠東百貨就曾經採行這種每日一物的優惠策略，吸引了不少想佔便宜的客戶。

先期光臨消費者優惠

業者為了刺激消費者提早做出購買行為,而提供消費前數十名或數百名享受優惠價的促銷活動,例如:網路服務業者、信用卡發卡銀行、旅遊業者經常以這種方法吸引消費者即早申辦該企業的商品或服務專案。另外像便利商店在年節前推出預購年菜75折,也是針對提早購買的消費者給予優惠的價格。

限量特賣

零售業者為刺激顧客搶購,以頗具吸引力的價格推出特定商品招攬顧客,但這種特價商品有一定的數量限制,讓消費者產生一種可能會買不到的憂慮而加速購買行為。像以前發行的紀念郵票、新年套幣、王建民公仔和悠遊卡,都以限量特賣為號召,造成消費者排隊搶購的熱潮。

限期特賣

限期特賣也和限量特賣一樣,是要讓消費者感受到一種必須及早購買否則就買不到的壓力。為了誘使消費者購買,廠商設定特定的期間提供商品特價優惠,這期間可能跨越好幾天或好幾個星期,也可能是限定在一天當中的特定時段。例如:百貨公司週年慶的時候會在每一天的幾個特定時段以花車提供特惠商品促銷。

有一家手機通路商和有線電視及銀行業者合作,隨著寄給顧客的帳單,附上一張手機免費兌換券,上面註明限量500支,而且必須在特定期限內憑著這張兌換券到這家手機通路商的全省特約門市兌換。當然免費手機一定會綁特定的門號,但是免費兌換市價一萬多元的百萬畫素手機,應該還是挺讓人相當的心動。

離峰消費優惠

這是在前面訂價策略中提過的時間差異訂價法。

例如涮涮鍋週一到週五的生意通常比較清淡，因此為了吸引顧客光臨，消費依照訂價打七折；KTV白天的時段通常很少客人上門，錢櫃和好樂迪因此打出白天消費低價優惠的策略。

這種策略適合於有明顯消費尖峰、離峰的行業，尤其是一些依照空間座位滿座率與週轉率計算營收的行業，像網路咖啡、K書中心、餐廳、出租會議中心、商務中心等等；另外像行動電話也有通話時段的費率優惠；國光號在非假日也提供優惠價來吸引更多的乘客。

 ## 免費加贈配備

有時候為了促成交易，廠商會以免費加贈配備的方式讓消費者做出購買的決定。

常見的例子就是汽車經銷商以加贈汽車配備或者將配備升級的促銷手法。類似的手法也是電腦業者所慣用，例如：買電腦主機贈送滑鼠、光筆等週邊配備。

 ## 退佣

為了爭取客戶，一些以賺取佣金或者手續費的行業會以退佣的手法拉攏新客戶。

這種促銷手段比較常見於證券、保險等金融服務零售業。證券業對於每個月證券交易達一定金額者會給予退佣的優惠，藉此吸引交易頻繁、進出金額龐大的大戶和忠實戶。

固定價格無限量消費

通常推出這種促銷手法的是自助式的餐飲業,例如:飛天麻辣鍋、上閣屋日式料理、海霸王海鮮都推出299元吃到飽、599元吃到飽的優惠方案。

行動通訊業者推出網內互打免費的方案,也是一種固定價格無限量消費的概念,客戶只需要繳交固定的月租費,至於網內通話多久都不再另外收費,這種方案對於喜歡用手機聊天的消費者和話務量龐大的商務人士具有很大的吸引力。

商品試用、試吃

商品試用或試吃常用於新產品上市階段。例如波卡洋芋片、多芬洗髮乳、肯德基炸雞都曾經在新產品上市之前舉辦大量的試吃和試用活動,一方面可以提高產品知名度,二方面可以測試消費者對新產品的反應,藉此作為產品改進的參考。

許多大型量販店的乳品或果汁販賣區也常常會有各廠商派駐現場的人員鼓勵消費者試飲,順便說服消費者試用後購買商品。

軟體業也常在網路上提供試用版供消費者使用,但試用版僅有短暫期間可用,像提供線上音樂服務的KKBOX在試用期間下載的音樂在試用期間過後若未加入成為正式會員,下載的音樂也將無法播放收聽。

中華電信為了推廣MOD的數位頻道業務,也提供客戶約十數天的免費試用期,在此期間可觀看各類頻道的節目,期滿若未正式購買MOD的加值服務,則可觀賞頻道即大幅縮減。

電視購物台在銷售商品時也常聲稱訂貨後七至十天內消費者可以先試用商品,如果不滿意保證免費退換貨。雖然這是商品鑑賞期廠商本就應負

擔的責任，但是這樣的說詞卻可以讓消費者降低買錯商品的疑慮，增強購物的意願與信心。

 ## 舊換新

有些廠商在推出新規格商品的時候會以舊換新的活動促使舊客戶更換商品。

例如：神乎科技曾推出股票機舊機升級優惠活動（以舊機換新機只要幾千元，還包含四個月的資訊傳輸費）。資訊軟體廠商也常針對老客戶提供免費升級或以優惠價購買升級版的機會。

 ## 免費附加服務

有些廠商在客戶購買商品之後還會提供一些免費的附加服務，保固期間的免費更換零件就是其中的一種。

像全國電子推出「小家電終身維修免費」，即使商品超過保固期仍然可以享有免費的維修，很多消費者就因為這一點而選擇到全國電子購買小型家電。

另外有一家名為「機車班長」的機車行，也針對在店裡買車的客戶提供機車故障免費拖吊的服務，只要機車在半路故障拋錨，打一通電話到店裡，機車行的師父就會開車到拋錨現場把機車載回機車行檢修。這種免費服務對於曾在該店購車的客戶提供很大的便利，對於機車的銷售也有加分效果。

 ## 活動&贊助

企業有時候也會透過一些活動推廣公司的商品或建立企業的形象，這

些活動可能和時事議題結合，或者配合特殊節慶而舉辦。

　　例如：很多企業在元宵節的燈會中捐助經費而擁有自己專屬的花燈，或者利用跨年活動在101大樓打出企業的雷射光廣告。一些販賣運動用品的廠商也常贊助運動比賽，並且以贈送球衣球具給球隊的方式，讓自己公司的名字和商品在運動場上強力曝光。

　　霹靂布袋戲在全省甚至大陸都擁有人數眾多的粉絲，霹靂國際公司經常在全省各地舉辦「同人誌」（Cosplay）的活動；全省的粉絲也自動自發組成劇中角色的地區後援會，並且不定期舉辦聯誼活動，藉著這些活動讓消費者之間有密切的互動，同時也提升了消費者對霹靂布袋戲的強烈向心力。

商品發表會 & 明星簽唱會

　　資訊業，軟體業每當有新的商品即將問世，通常會廣泛邀請媒體和業界人士參與它們的商品發表會。

　　Apple的執行長賈伯斯就是運用商品發表會為自家商品成功造勢的高手。像是之前的iPod以及iPhone的商品發表會都是萬眾矚目的焦點。

　　音樂出版業為了累積發片歌手的人氣以及拉高CD的銷售量，經常會舉辦明星的歌友會和簽唱會，同時在現場販售CD以及週邊商品。像超級星光大道以歌唱選秀及歌手之間單挑競賽的方式，不但炒熱了節目的收視率，也打響了競賽選手的知名度，將來經紀公司在為這些歌唱選手正式發片時，因為他們已經具有高知名度以及話題性，在新片的發行上早已具有更多的優勢。

　　百貨零售業也喜歡和演藝圈合作，例如：在百貨賣場的旁邊舉辦明星簽唱會，藉此吸引人潮來店消費。建築業也很擅長透過影視明星來為產品宣傳造勢，像很多建案在預售時不但找明星拍代言廣告，還會邀請明星出

席工地現場的產品說明會，藉此炒熱銷售現場的氣氛。

 ## 異業結合促銷

　　遠東集團推出的Happy Go卡，除了在遠東集團的關係企業，如：遠東百貨、遠東愛買等處消費可累計點數折抵消費金額外，也可在金石堂書店、奇哥服飾、威秀影城……等處享有同樣的消費福利。

　　來自馬來西亞的eCosway集團是整合連鎖通路、電子商務與傳銷的複合式經營事業，除此之外它在台灣與上千家店面門市簽訂合作方案（加入此方案的商家稱為「eCosway聯惠商家」，凡eCosway會員持eCosway與銀行聯名卡至聯惠商家購物消費可享有平均5～10%的折扣，藉此可提供會員福利及促進新會員的招攬，各商家也可能因此增加一些來店客）。

 ## 特定客戶集中促銷

　　廠商鎖定一些特定的客戶給予特別待遇或優惠進行促銷。

　　例如：母親節針對為人母者提供價格折扣，信用卡公司篩選白金卡客戶給予刷卡紅利優惠，銀行針對信用良好客戶給予較低利率的信用貸款或代償專案……。

　　微風購物廣場舉辦「微風之夜」的購物活動，鎖定高所得、高消費的VIP客戶送出邀請函，活動期間舉辦「封館特賣」，必須持有邀請函的VIP客戶才能進館購物消費；藉由活動的炒作，短短數天內即創造近八億元的營業額。

　　南部曾有不動產業者為吸引北部高所得客戶南下購屋，針對特定客群組成房屋觀摩團，安排食宿等高檔次的服務款待，冀望創造銷售佳績。

 犧牲打特賣

為刺激高來客數與高營業額,業者挑選店內特定商品以不計血本的瘋狂降價吸引大量來客創造話題。

例如:有餐館將原本訂價五、六百元的套餐以五十元的一折優惠價限量供應,造成蜂擁而至大排長龍的人潮,一天即創造數十萬元的營業額。

 口碑行銷

業者為打響品牌知名度,設法召集或鼓動一些特定團體的意見領袖體驗其商品或服務,藉由這些人的影響力,將品牌訊息在群體間迅速傳播。

例如:年輪蛋糕的業者針對一些高知名度或高流量的部落格版主,邀請他們免費試吃年輪蛋糕,事後經由這些部落客撰文推薦,使其品牌知名度在短期內一炮而紅,業績也大幅竄升。

 事件(Event)行銷

事件(Event)行銷意指藉著某一事件的發生或刻意創造特定事件的發生,製造廣告效果擴大其影響力與渲染力。

中國大陸取得北京奧運及上海世界博覽會主辦權,動員舉國之力鋪天蓋地地宣傳,瘋狂為此兩大盛會造勢,帶動相關商機的蓬勃興起也讓中國巨大的經濟實力展現於世人眼前。

台北國際花卉博覽會是台北市政府主辦的大型國際活動,台北市政府為此活動不惜投入巨資在軟硬體的建設與文宣廣告的支出,冀望此活動能帶來數百億商機並將台北市的名聲推向國際舞台。

巨星麥可傑克森在睽違舞台多年後籌備復出演唱會,不料驚傳可能因藥物過量或誤診暴斃,一夕成為震驚全球舉世矚目的大事,之後一段期間

與麥可相關的音樂商品與相關著作頓時又成為熱門商品。

2010年因地球暖化天災不斷，許多節能減碳商品應運而起，同時因末日預言傳聞不斷，描繪世界末日的災難電影「2012」在全球上映均創下極為驚人的票房。連一些討論2012末日的書籍也躍登暢銷書排行榜（註：1995年因兩岸危機而出版的戰爭預言書「1995閏八月」是另一典型因事件行銷而聲名大噪的案例）。

八卦行銷

八卦行銷屬於事件行銷中的一種，最常見於演藝界、娛樂圈、名人社交圈與政界。

電視劇的製作群為了推出一檔新戲常刻意製造男女主角在戲外的緋聞，或炒作兩大王牌之間的宿怨與心結以增加媒體曝光度，例如：周杰倫與J女郎之間似真似假曖昧不明的互動；張菲與江蕙、林慧萍的往年情事；吳宗憲與黃安的互嗆事件……。

政壇中政治人物之間的分合與恩怨情仇也是新聞聚焦甚多的議題，例如：李登輝與郝柏村由肝膽相照到肝膽俱裂；李登輝與宋楚瑜由情同父子至形同陌路；這些事件在媒體刻意炒作與擴大渲染後，不但牽動萬千選民的情緒，也成為影響政局與社會動盪的重要因素，而蓄意以此類話題操作者往往從中攫取自己政治或經濟的利益。

八卦行銷是兩面刃，操作得宜有助於節目收視率、明星的人氣或雜誌的銷量，但若操作過火，不僅引起閱聽大眾的反感，有時還易涉入誹謗等官司。

例如：台北市兩大補習業高國華與對手劉毅旗下名師陳子璇被週刊爆料婚外情後，不僅未如一般人低調迴避，反而每隔一段時間就上媒體相互揭短與攻訐，雖然讓補習班名氣暴增，事件中的幾位主角成為全國家喻戶

曉的名人，但也引起許多民眾與學生家長的反感，利弊之間不可不慎。

招降納叛獎勵

某些商品除第一次購買的成本外還有未來持續使用的成本，例如：行動電話、網路、有線電視、信用卡……等等；因為這種長期持續的使用成本對廠商而言是非常可觀的收益，因此廠商常寧可降低客戶第一次購買的成本吸引客戶成為長期的使用者，甚至為了將競爭廠商現有的客戶搶過來而採取獎勵「帶槍投靠」的特殊優惠方案以鼓勵競爭廠商的客戶跳槽。

使用行動電話或網路服務，如果要更換服務的廠商常須變更門號或上網的帳號及e-mail，令許多人覺得麻煩而不願更換，因此廠商常以相當優惠的方案鼓勵消費者變更系統，例如：中華電信即以此種促銷方案使數萬名競爭廠商的客戶轉換系統。

俊男美女行銷

自古以來不論中外，俊男美女總是能吸引大眾的目光迅速成為焦點。美國早期的電影名角葛雷哥萊畢克、克拉克蓋博、勞勃泰勒、費雯麗、奧黛莉赫本，都是男的英俊瀟灑、女的風情萬千，在迷倒眾生之餘也為影片創造歷久不衰的高票房。同樣的在台灣如二秦二林，劉雪華、劉德凱，都是至今仍被無數戲迷懷念的偶像；台灣的F4、飛輪海，韓國的宋慧喬、Rain、裴勇俊、Wonder Girls、少女時代……，也都是以俊美或俏麗外型風靡海內外。

有俊男美女演出的戲劇或演唱會幾乎就是票房的保證，他們所代言的商品也因為消費者愛屋及烏的移情作，用而創造不錯的銷售佳績。

請不起巨星也無妨，目前是美麗素人當道的時代，因此車展、電腦展、酒類促銷就常打出美女牌的行銷手法，藉由Show girl超級的吸睛魅力

讓賣場熱鬧滾滾，也同時帶動業績的竄升。

 # 性別優惠方案

有時候業者會針對性別給予優惠方案，例如：許多都會區的PUB，舞廳或夜店會將一星期中的1~2天訂為淑女之夜或紳士之夜，淑女之夜當天進場的女性或紳士之夜進場的男性不收門票，藉此吸引更多女性（或男性）前來，而只要女性來得多，自然能吸引許多男性當天前來「把妹」或獵豔。

近期還有某計程車隊打出特定日期女性乘客搭乘該車隊的計程車，即可獲贈一份女性保養品的促銷手法，算是相當另類與別出心裁的做法。

以上列舉了許多業界常見的促銷手法與方案，行銷企劃人員可以依據公司的廣告預算、商品的特性選擇最適合的促銷方案。

Lesson 9
人員銷售

　　坊間有許多談論如何成為一流銷售人員的書籍，包含心態、言談舉止及工具的運用等等，但這些並非本書所討論的重點，在此所談的是一般銷售人員的銷售程序及不同行業人員的銷售模式。

　　如果僅從狹義的觀點，銷售員是指企業內與客戶直接接觸，並將商品銷售出去或爭取到客戶訂單或合約的人員，但是從更廣義的觀點，每一個人也都可以是銷售員，只不過銷售的不是具體的商品或勞務，而可能是一種觀念、理想、願景，或個人的情感與人格特質，藉由溝通宣揚，爭取認同或取得可以實現目標的資源。

　　例如……宗教家銷售的是一種生命的哲學；政治家銷售的是他們對治理國家改善人民生活的使命與抱負；環保人士銷售的是對人類生存環境永續維護、共同珍惜的信念……。

人員銷售的模式

雖然都是從事銷售行為，但不同行業的銷售人員卻可能具有不同的銷售模式，因此銷售人員所須具備的專業深度與人格特質也有所不同。

1.被動式銷售

一些零售業的門市人員多屬於被動式的銷售，例如便利商店、量販店、速食店、DIY傢俱業的銷售人員，除非客戶詢問，通常不會主動向客戶進行銷售的行為，這類銷售人員在銷售技巧的要求上較其它類型銷售人員來的低。

2.服務式銷售

服飾業、飾品業、鞋業、保養化妝品業、通訊業、資訊門市，因為客戶常會試穿、試戴、試用商品，而且在過程中常需要銷售人員的解說，因此這類型銷售人員的服務熱忱、專業知識、高度的耐心，對銷售成績具有最直接的影響。

3.叫賣式銷售

市集與攤販、電視購物台是採取叫賣式銷售的典型，如果是訓練有素的銷售人員，不僅口條清晰，而且往往唱作俱佳，肢體語言豐富，要在短短的時間內就能激起消費者的購物欲望，因此這時使用的言語須具備某種煽動性。

4.開發式銷售

土地開發、房屋仲介的銷售人員採取的是開發式的銷售，和其它行業較為不同的是，他們原本手中並無商品可供銷售，土地開發人員必須憑藉自己的專業與人脈尋找地主，說服他們以合建或賣斷的方式將土地售予建商或與建商合作興建房屋；土開人員的角色是雙重的，從買斷的角度而

言，土開人員是買方而非賣方，但從合建的角度而言，土開人員則是以各種有利的方案說服地主將土地交予建商共同開發後出售獲利。土開人員通常面對的地主少則數人，多則上百人，每個人各自有其利益考量，因此土開人員必須具備高度整合協調的能力才能促成土地交易的完成。房屋仲介人員則須深耕區域內的住戶，說服有意出售房屋的屋主將房屋委託其所屬的房仲公司銷售，房仲人員則是扮演商品的真正所有人（賣方）與買方之間的中介角色，他們無權決定商品的售價，只能盡力協調斡旋雙方的差距促使交易的完成。

5.簡報式銷售

建築師事務所、資訊軟體公司、代銷公司、廣告公司在爭取客戶的委託案時，常須先行向業主提案或進行簡報，藉此表現其專業與為客戶解決問題的能力。

簡報式銷售要能提綱挈領掌握要點，過於冗長沉悶的簡報會使客戶興趣缺缺無法達成銷售的目的。

6.分享式銷售

許多傳銷公司在對其直銷商作教育訓練時，常會告訴他們：「我們不是銷售產品，而是和我們的朋友或陌生人分享好的產品及一個很棒很難得的事業機會」。

分享式的銷售常會談到個人的親身體驗與心路歷程，例如；個人因為使用某類健康食品而改善長年不癒的宿疾，或者因為參加了某種潛能激發的課程而讓自己在銷售業績上有了爆發性的成長……這種方式較無一般銷售給人的壓迫感，而且如果確實是銷售者本身的成功案例，會對客戶更具有說服力。

8.顧問式銷售

企管顧問、財務顧問、律師事務所、會計師事務所等行業所銷售的不是有形商品，而是他們所具有的專業，這種專業能夠提供客戶最適切的方案，幫助他們解決所面臨的問題。例如：企業與富豪如何節稅，實施勞退新制後如何降低企業增加的成本，如何導入ERP（企業資源規劃系統）提升企業的營運效率等等。

早年的保險業常給人一種靠人情賣保單的印象，而且對從業人員的專業與素質要求不高，後來保險商品日益多元複雜，除了傳統的保障功能外，保險商品還結合了金融理財商品，例如：投資型保單、年金保單，以及聯結結構債的保單等等，銷售此類商品需要更多金融與經濟等相關知識，銷售人員也從過去的「業務員」角色轉變為客戶的「理財顧問」。

9.聚會式銷售

傳銷公司非常擅長透過聚會式的銷售手法招募直銷商或銷售商品。

➡ 大型聚會：

通常由公司或各銷售體系的上層傳銷商主辦，通常人數由數十人至數百人不等。又分為OPP（事業說明會）與NDO（產品說明會），前者以介紹傳銷事業的願景與獎金制度為主，目的在增員（招募新傳銷商）與激勵舊傳銷商；後者以產品知識的傳授與使用經驗的分享為主。在大型聚會中常會透過表揚優秀傳銷商的方式激勵其他傳銷商，產生見賢思齊的動力。

➡ 小型聚會：

由傳銷商自行召集舉辦，可能以小組會議或家庭聚會的方式進行。

安麗以家庭聚會展售商品已行之多年，尤其它們有一組以外科醫生手術刀材質製造的不鏽鋼七層鍋，除了不沾鍋易清洗外，由於鍋內各處散熱均勻，因此烹煮菜餚時完全不須以鍋鏟攪動翻炒，加熱一段時間後一道道清爽可口的佳餚就可上桌讓與會親友分享；而在這種輕鬆又溫馨的聚會中

很自然達到銷售商品或增員的目的。

➡ ABC銷售法：

從事或接觸過傳銷業的人大概對ABC銷售法都不陌生，所謂ABC指的是三種各自扮演不同角色的人。

A：代表Adviser，原意是教練或指導者，在傳銷界的運作中指的是具經驗的資深傳銷商。

B：Bridge，橋樑或中介者，指的是邀約親友來參與聚會的傳銷商，因為是介於親友與資深傳銷商二者之間，因此是屬於中間的橋樑角色。

C：Customer或Client，指傳銷商邀約至會場的潛在客戶或親友，邀約的目的是銷售商品或增員使其加入傳銷組織。

ABC的運作方式是當傳銷商（B）將潛在客戶（C）邀約至會場並介紹上線的資深傳銷商（A）與其認識後，即由A向C介紹傳銷事業的背景、理念、制度與產品，B則在旁陪同聆聽並不時點頭表示認同。

ABC的銷售法由上線資深傳銷商（A）擔任主講者的原因是因為傳銷商（B）本身可能才加入傳銷組織不久，對組織的制度、產品還不熟悉，如果由其直接對潛在客戶（C）說明，可能會無法正確完整與掌握要點，遇到客戶的反對意見容易語塞或退縮，導致交易或增員的失敗。因此由資深傳銷商（A）主講較具說服力，同時也可讓傳銷商在旁觀摩與學習如何應對及處理反對意見。

♻ 10. 電話銷售

電話銷售屬於開發式銷售的一種，是保單、債務整合、信貸、信用卡等業務人員常用的銷售模式，通常是由公司提供潛在客戶的名單，銷售人員撥打電話後直接對客戶進行銷售。

電話銷售難度頗高，因為無法掌握客戶接聽電話當下的情境，如果客戶正在開車、工作、開會、用餐或正忙於處理事務，電話銷售常會被視為

一種干擾，因此電銷人員必須言簡意賅掌握客戶接聽電話當下短短的時間讓客戶對介紹的內容產生興趣，才有機會達到銷售的目的。

 # 銷售的程序

不同行業的銷售人員在銷售模式上會有所差異，因此在銷售程序各階段，人員的涉入程度也不盡相同。

坊間許多談論銷售的書籍即是探討在銷售程序的各階段，銷售人員如何透過訓練提高銷售成功的機率。

不論銷售何種商品，銷售程序大致包含下面幾個階段：

1.接觸

銷售人員與顧客的接觸包含肢體、眼神及語言。

例如：便利商店的員工被要求在顧客進門時要喊「歡迎光臨」，百貨公司的員工在顧客走近時要面帶微笑，打烊時要集體站立在櫃前向顧客鞠躬致意；電話行銷的專員及客服人員被訓練與客戶電話溝通時應有的禮儀、耐心與話術。

銷售人員與顧客接觸時的態度必須拿捏得宜，太冷淡完全不打招呼會讓顧客覺得不受尊重，太過殷勤隨侍在側又讓顧客有緊迫盯人的壓力，最好的方式是在點頭招呼之後讓顧客自在地挑選商品，當顧客主動詢問時再為其詳盡解說。

如果屬於陌生開發類型的銷售行為，銷售人員與顧客的第一次接觸將面臨很高的挑戰，如何爭取到顧客的注意與時間，讓他願意撥出時間見面或參與銷售的對話，是銷售人員能否順利進行後續銷售流程的關鍵。

2.確認顧客問題與需求

許多銷售人員在與顧客互動時一心只想促成交易，急著提出各種產品

或方案,但是多半無法達到預期的目的,因為顧客不會因為你有一堆產品或方案就向你購買,真正能夠促成購買的原因是消費者的需求。

要成功的銷售產品,銷售人員應協助顧客發掘出其內心的需求,有些需求是立即而明顯的,例如:開車途中突然發現輪胎胎壓不穩必須立刻找輪胎行檢查或更換輪胎;有些則是消費者目前未意識到其迫切性但確實存在的需求,例如,人人都知道保險是人生中必要的商品,但通常不會認為當下就有立即購買的需要。

立即而明顯的需求又可稱為「主動需求」,消費者會主動尋找各種產品或方案;目前未意識到其迫切性但確實存在的需求可稱為「潛在需求」,它需要透過銷售人員的提問、溝通與引導才會釐清確認這種需求的存在而將潛在需求轉化成主動需求,並且產生必須採取行動的急迫感。就如一個銷售主管對其業務員所說的:「我們不是強押著牛去河邊喝水,而是要讓牠們感到口渴」,一旦顧客產生了渴望解決問題的急迫感,銷售人員的成交機率也會因此提高。

♻ 3.提供商品或方案

顧客如果不知道自己的潛在需求,或者不認為有即刻採取購買行動的急迫性,銷售人員即使有再多、再好的產品或方案,顧客都不會感覺對他有任何價值。而一旦在銷售人員的提問引導下燃起了顧客的需求,此時銷售人員提供的商品方案就能獲得顧客較多的關注與回應,並且進入討論商品方案細節的部分。

♻ 4.締結(成交)

一般的零售商品在顧客滿意並付款交貨後即完成了此次交易,但有些商品或方案還須經過合約協商與簽訂的過程。

例如房屋土地的買賣,雙方對標的物與價格已取得合意之後,還必須

簽署房地買賣合約，為了避免在交屋付款過程中有任何糾紛，甚至還須有房仲業者的見證，建經公司的履約保證或法院的公證。

　　一般採購原物料、機器設備、系統軟體也都須簽訂合約，以確立交易雙方的責任並維護彼此的安全與權益。

　　實務上有不少在簽約過程中橫生枝節導致已談好的交易卻最終破局的案例，尤其在土地房屋的交易中經常因為付款、過戶、交屋的程序或佣金的給付，彼此意見紛歧而使交易撤銷。銷售人員必須謹慎掌握簽約過程中的每一個環節並處理交易對手的情緒，使交易得以順利完成不致功虧一簣。

　　簽約時銷售人員還須針對合約內容善盡說明與告知的義務，避免日後產生糾紛甚至法律訴訟。例如，以往許多保險業務員銷售投資型保單及理財專員銷售結構債商品，常未將商品可能的風險及中途贖回的限制明確告知顧客，導致客戶發生重大損失而集體抗爭並須由金管會介入處理爭議。

5. 售後服務

　　商品交易完成後，還有對顧客提供的售後服務，例如：退換貨處理、商品配送、安裝、維修及客戶抱怨的處理等等。

　　售後服務視其性質而可能由不同部門的人員負責處理，有些是門市人員（例如：退換貨），有些是維修人員（例如：家電故障），有些是客服人員先行處理或彙報問題再轉其它相關部門處理。而金融保險商品多數是由銷售商品給顧客的理專或業務員直接處理。

　　售後服務的處理態度、處理流程與效率對顧客的滿意度具有非常重要的影響，也會影響顧客對產品品牌、企業形象的評價及後續購買的意願，因此，這是顧客關係管理中非常重要的一環。

　　目前許多金融機構、網路服務與通訊服務業者都設有24小時客戶服務專線，但依筆者個人親身經驗，撥打這些專線常常得先聽一長串預錄的電話語音及各種服務選項，當你好不容易依照指示操作到「轉接客服人員」

或「專人接聽處理」時，卻是處於無人接聽或佔線長達20分鐘以上的情形，這種狀況讓人氣結也對此企業機構產生惡劣印象，更遑論會有任何的品牌忠誠度。

（註：許多企業高層可能從不曾撥打過自己公司的客服專線，認為那是非常細微的事，如果他們親自撥打體驗那一長串語音的流程，相信他們會知道光是一個電話語音流程的問題就有相當大的改善空間。）

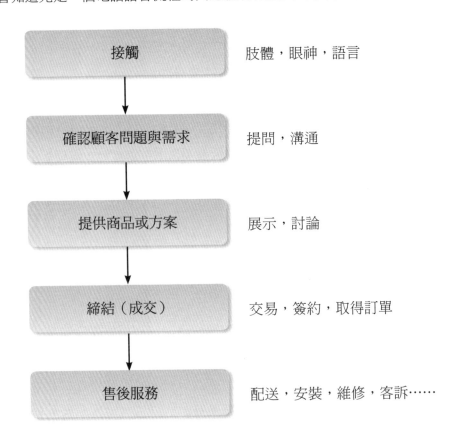

■**銷售程序的流程**

Chapter 6

定　位

定位，它涵蓋了產品、價格、通路、推廣、
服務的整體綜合印象，因此本章以專章來討
論這一主題，以突顯其重要性。

CRISIS

Holistic
Marketing

Lesson **1**
定位的意義

「定位」是行銷策略中非常重要的觀念，有些行銷的書籍將它放在產品策略的章節中。但定位是一個更廣泛的概念，它涵蓋了產品、價格、通路、推廣、服務的整體綜合印象，因此筆者以專章討論定位這一個主題。

「定位」就是指企業或企業的產品在消費者心中所具有的鮮明或獨特的形象，以及在消費者心中所佔據的位置，它們可以是——

- 功能最強。
- 最時尚。
- 產品種類最多。
- 價格最便宜。
- 色澤最鮮豔。
- 服務最迅速。
- 口味最佳。
- 最方便購買。
- 最貼心……等等。

　　或許因為人類的大腦無法容納太多的負荷，也可能是為了簡化購買決策的複雜性，對於同一類的產品，消費者通常只能記住三到五種不同的品牌，一項產品一旦在消費者心中形成了鮮明而強烈的定位，就很容易被消費者所記憶，當然也有較多被「指名購買」的機會。

　　例如，當詢問消費者所熟知的速食業時，多數人都會說出麥當勞或肯德基；問到咖啡連鎖業，星巴克可能是最多人提到的名字，7-11以「您方便的好鄰居」穩居便利商店龍頭霸主的地位，這就是因為它們在消費者心中，具有非常鮮明或獨特的印象，而且在消費者心中佔據了無可取代的地位。

　　我們還可以舉出許多的例子，像是：如果有頭皮屑的困擾，你第一個會想到的品牌是什麼？可能超過半數的人會提到「海倫仙度絲」，因為……「海倫仙度絲是治療頭皮屑的專家」。

　　要買便宜的日用品，你會去哪裡呢？大概有不少人會想到家樂福或者屈臣氏，因為……家樂福主打「天天都便宜」的策略，屈臣氏則以「我敢發誓，我最便宜」的口號將自己定位成最物美價廉的日用品賣場。這些耳熟能詳的廣告口語，在媒體強力宣傳下，已經深深進入消費者的心中，成為消費者對這些商家的強烈印象。

消費者心中的階梯

　　接下來所談的是一個和定位有關的概念—消費者心中的階梯。

　　為了應付市場上過多的產品資訊，消費者不但將所能記憶的品牌數目簡化縮小，而且會在心中將各種產品和品牌分成不同的等級，這些等級，我們稱為消費者心中的「產品階梯」。

　　一般消費者最常用來區分階梯等級的方式就是價格，所以如果以汽車的產品階梯為例，勞斯萊斯位於階梯的最上層，其次可能是凱迪拉克，賓

士與BMW；而福斯，豐田，日產等各種品牌的車型，則又依序位在階梯的
不同等級中，這些品牌在產品階梯中的位置，也就是它們在消費者心中的
定位。

讀者可以試著將自己心中的品牌順序填寫在下面的階梯上：

電視：新力、夏普、奇美、瑞軒、東　電腦：HP、Acer、ASUS、Apple、
元……　　　　　　　　　　　　　Dell……

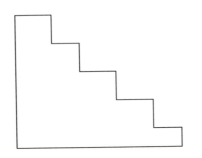

洗髮精：嬌生、沙宣、飛柔、海倫仙　手機：Motorola、HTC、Nokia、
度絲……　　　　　　　　　　　　Samsung、iPhone……

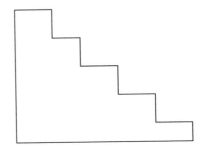

各個品牌在消費者心中的產品階梯上雖然處於不同的位置，但並不必
然代表消費者在實際的消費行為中都會選擇位於最上階的品牌，最主要的
因素還在於消費者本身的購買力。

雖然絕大多數人都認為雙B是汽車品牌中的上選，但買車時還是會選擇
自己經濟能力可以負擔的品牌，就如同多數男人雖然心裡都將林志玲當作

夢中情人，但在選擇真正的交往與結婚對象時還是會考慮彼此在外貌、個性、家世等方面是否能夠匹配。

「價格」與「品質」雖然是影響消費者心中對品牌定位的最重要因素，但在實際購買商品時其它的因素仍然會左右了消費者最後的選擇，例如，消費者可能特別在意產品的某項功能，或者產品的外觀與設計造型；對於常須攜帶筆電在外面工作的業務人員或學生，筆電的尺寸與重量也是篩選產品時非常重要的考慮因素。

 ## 定位策略並不僅局限於「產品」

我們常聽到「產品定位」一詞，然而「定位」策略也可以適用於「非產品」的其它事物。

「定位」不但適用於商品，也適用於企業、商店、建築、個人、都市、地區或國家。

例如，我們都知道誠品是「最具有人文氣息的書店」，信義房屋是最強調誠信及交易安全的房屋仲介公司；101是截至目前全台灣最高的大樓（註：在杜拜大樓未完成前，101還曾是全世界最高的大樓），這些就是它們在消費者心中的定位。

個人也有他們獨特的定位，例如，講到「第一名模」，就會想到林志玲，王永慶被譽為台灣的「經營之神」，張菲是演藝圈的「綜藝大哥大」，在全世界的證券市場中備受世人所推崇的華倫‧巴菲特是「股神」與「價值投資之父」（註：華倫‧巴菲特的名氣超越其前輩葛拉漢），索羅斯則是國際知名的「金融大鱷」與「金融狙擊手」。

再從都市或國家的例子來看，巴黎是浪漫之都、威尼斯是美麗的水都、希臘羅馬是古代西方文明的象徵、英國給世人的印象是紳士典雅、巴西和阿根廷則是熱情奔放、新加坡是整潔、法治與紀律……這些都是長期

以來它們在世人心中所形成的定位與形象。

 ## 定位在行銷上的重要性

　　成功的定位可以在消費者心中建立強烈鮮明的形象及難以取代的地位，這一點對企業商品行銷非常重要。

　　現在是資訊氾濫的時代，產品多如牛毛，與產品相關的廣告訊息充斥在我們生活中的每一個角落。消費者接受過多的訊息會導致消費決策的困難。當消費者要進行某種消費行為時，過多的商品訊息反而讓消費者無所適從，這時候，消費者會從他們記憶中前幾名的產品作篩選，來簡化購買的決策。也因為如此，只有在消費者心中佔據前幾名的商品品牌，才有被消費者選購的機會。

　　「定位」就是要將你的產品打進消費者心中，並且佔有重要的地位

　　定位成功的產品還可以有效鞏固消費者的忠誠度，不會輕易轉向其它品牌的產品。

　　維繫一個老客戶的價值遠高於開發一個新客戶。依照80/20法則，百分之二十忠誠客戶的消費幾乎就佔了企業消費總額的百分之八十，所以成功佔據消費者的心，對企業具有莫大的經濟效益。

Lesson **2**
定位策略的
原則

當我們在進行定位策略時，要注意以下幾項原則：

名實相符

　　所謂名實相符，是指產品的定位必須和產品本身具有的特質或優勢高度吻合。例如：某些女性標榜自己是上流社會的時尚名媛，但是如果言行粗俗談吐膚淺，即使全身穿著名牌，別人也不會在心裡對其產生認同。因為定位不是一廂情願地老王賣瓜或孤芳自賞，而是你在別人心目中所真正佔據的位置。

　　美國快遞公司FedEx聯邦快遞提供的服務，就是將客戶交寄的快遞郵件，以最迅速的方式準時送到收件人手中，因此在廣告中強調聯邦快遞有著全球最具規模的快遞運輸系統，以落實「聯邦快遞使命必達」的承諾。FedEx既然以快速、準時作自我定位，它就必須在遞送過程中確實履行。

　　再看國際手機大廠Nokia有一句非常有名的口號「科技始終來自於人

性」，因此Nokia設計的產品都從顧客的觀點考量，盡量做到人性化的使用功能與操作介面。在問到手機顧客對各家手機在使用方便性的評價時，Nokia也確實獲得大多數使用者的好評，這就是在產品的實際表現上能真正名實相符，跟它的自我定位相吻合。

持續強化

一項產品如果要在消費者心中建立強烈鮮明的印象，必須在消費者接觸的媒體或通路中，將商品訊息持續曝光，以加深該品牌在客戶心裡的印象。但是接觸的頻率必須適當，次數太少或間隔太久，不容易累積印象，次數太多、太頻繁，會被消費者視為一種對視覺聽覺及心靈的干擾，反而會產生反效果。

定位必須持續才能累積印象，而它也需要靠廣告長期性的支持。

肯德基曾推出一系列相當逗趣的廣告，像囚犯版、軍人版及呂秀蓮版的廣告片，用「這不是肯德基」及「您真內行」的slogan，點出「肯德基才是最好吃的炸雞」；因為以無厘頭且逗趣的廣告手法在媒體持續曝光，而創造出非常高的銷售業績。

全國電子在多年前推出一系列走溫馨路線的廣告，例如：提供24期無息分期付款，讓貧寒的弱勢家庭也能買得起家裡急需的家電，並且提供小家電終身免費維修的服務，搭配廣告片中的一句slogan「全國電子足感心」（台語），多年來維持一貫的風格與訴求，讓全國電子體貼顧客、關懷弱勢的形象深植人心。

長期選擇同一位明星擔任產品的代言人，也是一種強化產品定位的方法，例如，孫越代言麥斯威爾咖啡；SKII長期以蕭薔為廣告代言人，澎澎沐浴乳以身材極佳的天心長期拍攝CF廣告，讓消費者心中將代言者與產品之間產生強烈的聯結，即使事隔多年這種記憶仍然不會被抹滅。

一致性

　　所謂一致性，就是長期傳遞給消費者的訊息必須維持一貫的品質、風格、水準或調性。例如：Marlboro萬寶路香菸多年來一直以叼著煙的西部牛仔出現在廣告中，呈現出一種豪邁粗獷的男性風格；可口可樂則是以年輕、歡樂、舒暢作為一貫的訴求，並且以「Coke is cola」的訴求，標榜「可口可樂才是真正的可樂」來強化自己在可樂飲料中難以撼動的地位。

　　一致性不僅是在廣告表現上，而是在行銷組合中的各個層面都要維持整體的一致性，比方說一家持續在廣告中訴求「以客為尊」的航空公司，不論是他們的空服人員或地勤人員，在提供服務或處理客戶問題時就必須將這樣的理念訴求落實於日常的態度與行動中，否則不僅無法在消費者心中形成「以客為尊」的定位，反而會導致名實不符的抱怨。

　　一致性也顯現在對媒體及通路的選擇。像LV、Armani 等高級品牌會選擇高所得專業人士喜歡閱讀的專業雜誌或具品味的生活雜誌，而在通路方面，除了高級精品店外也都選擇在一級百貨公司或購物中心設置專櫃。Haagen-Dazs喜見達冰淇淋剛進入歐洲時，刻意選擇在高級、富裕且人潮眾多的地點，開設裝潢高雅的冰淇淋店，並進駐高級的旅館與飯店，也成功的塑造出Haagen-Dazs就是高級冰淇淋的品牌形象。

　　透過加盟連鎖也是表現一致性的一種策略，一致的商店外觀，一致的管理與訓練，一致的人員穿著，一致的商品水準與服務品質在在都能強化企業品牌在消費者心中的定位與形象。

 # 特殊性

　　所謂特殊性是指你的定位必須與眾不同。

　　產品要在消費者心中佔有顯著而重要的位置，必須有「獨特的銷售主

張」（英文稱作Unique Selling Point，簡稱USP），來作為說服消費者購買產品的理由。

以麥當勞為首的漢堡速食連鎖業，幾乎都是以澱粉含量及熱量很高的漢堡為主力產品，導致很多從小吃漢堡長大的兒童都有體重過重的問題；摩斯漢堡則以米食漢堡及健康有機為主要的訴求，在所有漢堡連鎖業中獨樹一幟而異軍突起。

愛之味的鮮採蕃茄汁雖然是蕃茄汁飲料中的後起之秀，但是幾年前推出時卻造成消費者搶喝蕃茄汁的熱潮，聲勢壓過老牌的可果美蕃茄汁等品牌。它所採行的策略不僅是著重在口味，而是強調鮮採蕃茄汁有超高的茄紅素含量，對於預防癌症及一些慢性疾病有相當大的功效。在一波波廣告及運用新聞報導茄紅素功效的綿密宣傳下，鮮採蕃茄汁成為一種健康飲料的象徵，並成為消費者購買蕃茄汁時的首選品牌。

再以演藝圈個人的定位為例，吳宗憲初期以歌唱跨入演藝圈，原本希望走偶像歌手路線，但因為相較於其他實力派歌手，他的歌藝不算突出也並不成功，後來改走綜藝主持路線，因為反應靈敏、口才靈俐，雖然時常有踰越尺度的言論，但仍然受到許多觀眾喜歡而逐漸嶄露頭角，成為綜藝界天王之一。另一個例子是歌手趙傳，在極重視外表與容貌的演藝圈，他平凡而略顯醜陋的外型並不討好，必須靠歌唱實力來凸顯自己，於是以一首「我很醜，可是我很溫柔」打響了知名度，不但以歌曲為自己作了極為恰當的定位，也因此在歌壇擁有一席之地。

S・H・E是台灣少數極負盛名且歷久不衰的女子天團，當年出道以及成軍是因為唱片公司負責人希望組織一支風格獨特的女子團體，他設定此三人分別代表了溫柔、直率與勇敢等三種不同的女性特質。在新人歌唱選拔賽中，Selina，Hebe，Ella即因分別具有這樣的強烈特質而脫穎而出。之後在公司的刻意栽培下，果然因三人極富趣味又率真的個性深受觀眾喜愛，成為炙手可熱、風靡全台的女子團體。

Lesson **3**
產品命名、CIS與 產品定位的關係

 產品命名與定位的關係

產品名稱也可以發揮定位的功能，讓消費者從產品名稱就能聯想到產品的獨特優點與用途，例如：

一匙靈濃縮洗衣粉：一小匙就能將衣服洗乾淨。

好自在衛生棉：讓婦女在生理期仍舊可以怡然自在。

救急卡（George & Mary）：解決急用現金時的困擾。

好的產品名稱容易在行銷廣告策略中發揮，可以快速建立產品在消費者心中的定位。

 CIS與產品定位

在前面的章節已提到CIS的意義包含了MI（Mind Identity）理念的識別；BI（Behavior Identity）行為的識別；VI（Visual Identity）視覺的識

別。

所謂MI理念的識別，就是指企業具有一套鮮明的經營理念，這套理念是企業經營的指導方針，經由理念的貫徹與落實，使企業的整體營運和其它企業具有明顯的區隔與差異。

為了能更廣泛傳達企業的經營理念，讓內部員工及外部消費者與社會大眾都能理解與認同，通常會將經營理念轉化成為口號、標語，或一段文字。

例如：信義房屋的「信義立業，止於至善」。像Nike創造出大家耳熟能詳的「Just do it!」（盡力而為），以及NOKIA的「科技始終來自於人性」，都以簡短有力的文字，清楚傳達企業的經營理念，並且更方便傳達與記憶。

至於BI則指的是行為與行動的識別，企業的經營理念不能只是口號，而必須落實在全體員工日常的行為與企業的整體行動中。

例如：信義房屋為了落實安全、專業、誠信的服務，在人員招募、培訓的政策上，始終堅持對經紀人素質和品質的要求，他們多年來提供新人高於市場的底薪，而且堅持聘用的經紀人必須具有大專學歷及不具仲介業經歷，都是希望招募具有高素質的人才，這種理念完完全全落實在公司的用人政策與薪資政策上。

又如許多企業透過公益或贊助活動，達到回饋社會的目的。像裕隆集團吳舜文女士的「吳舜文新聞基金會」，多年來對新聞界的贊助與支持，得到社會一致的好評與推崇。

另外，我們也可以在很多慈善活動、音樂活動、球類比賽中，看到琳瑯滿目的贊助企業，像NIKE、愛迪達、可口可樂都是這類活動的長期贊助者。

如果企業在某類活動中長期贊助曝光，就很容易讓人將這類活動和企

業的產品產生聯想，並進而因愛屋及烏的心理，而對企業及它們的產品產生好感與信賴。

　　CIS中的VI也就是視覺識別，指的是運用圖像、文字、色彩等視覺要素，來傳達企業形象與辨認企業的各種具體元素。妥善的運用企業LOGO，標準字體及標準色彩，可以為企業及產品樹立鮮明的定位與形象。

　　例如：可口可樂的紅色；長榮集團的綠色；NOKIA的藍白色；7-11的紅橙白綠；麥當勞的金色拱門；賓士的駕駛輪盤標誌……等等，都深深烙印在人們心中，並且成為一種長遠的記憶。

Lesson 4
定位策略的型式

一般而言，定位策略可大致分為以下六種型式：

用產品屬性或特色定位

這種定位方式，是強調產品本身的屬性或產品所具有的功能與特色。

例如：仁山利舒訴求它是藥性洗髮精；EPSON以「最色的印表機」宣稱自己列印的色澤最豔麗最飽滿；富豪汽車Volvo將自己定位為「路上最安全的車」，賓士汽車以「引擎最好，性能最優」為訴求，都是以本身的屬性或特色來定位產品。

用價格和品質定位

有些產品以高價格、高品質來定位，例如帝寶、信義之星等豪宅，勞斯萊斯汽車、勞力士鑽錶，都以極致典藏自我定位，顯示它們的特殊與稀有，藉此凸顯擁有者的名貴與尊榮，或者像LEXUS汽車以「追求完美，近

乎苛求」強調自己品質的優越。

　　另外，也有以低價自我定位的例子，像壹咖啡走的是低價路線，在每一家店面都打出「誰說35元沒有好咖啡」來作為號召；曾經引起加盟熱潮的熱到家披薩，也是以50元披薩對原有的披薩市場進行價格破壞與挑戰。

 ## 以產品使用時機定位

　　例如，強調夜用型的衛生棉；治療香港腳的足爽；助長性功能的威而鋼以及增益大；感冒時服用的克風邪及伏冒錠；紓解頭疼的百服寧及普拿疼；解除宿醉的解酒益；具有提神與增強體力效果的蠻牛……等等，都是強調在特定時機使用的產品。

 ## 以產品使用者定位

　　這種方式是以消費者的屬性來定位產品，例如：Virginia淡煙是以女性香菸為定位；目前已改名為MINI的奧斯汀汽車，是適合於身材嬌小女性或汽車新手的小型車；雷諾的TWINGO汽車是專為年輕及心態上年輕的人所設計的汽車；三洋維士比的廣告鎖定藍領勞動者；Play boy是專門給對情色文化有高度興趣的雅痞閱覽的雜誌；商業周刊與天下雜誌則是專供財經與企業界人士閱讀的刊物。

 ## 以競爭者定位

　　在行銷界非常有名的案例就是艾維斯租車的例子，在美國赫茲租車是業界龍頭，艾維斯租車在廣告中以「因為我們是第二，所以我們更努力」的廣告詞，用間接的手法挑戰老大哥赫茲租車公司，但又不致引起強烈的反感與反制。

速食業龍頭麥當勞是美國兒童心目中的最愛，溫娣漢堡則走的是成人路線；漢堡王為挑戰其它漢堡業者，在廣告中以「牛肉在哪裡？」及「Get Your Burger's Worth」，強調漢堡王有更多的牛肉，更大份量的漢堡，讓消費者感覺物超所值。

多芬洗面乳雖然沒有直接挑明競爭者，但廣告中一再訴求「多芬多了四分之一乳霜」就是以和競爭者的差異作為定位策略。

依據產品類別來定位

消費者習慣將各廠牌的產品歸類為同一種產品類別，此時，可以將自己的產品以反向操作的方式，將產品從原來的分類中抽離，而以一種新的產品類別概念來定位自己的產品。

多年來，手錶市場分為兩大區塊，低價手錶被視為計時的工具，勞力士等高價錶則被視為可世代相傳的收藏品。SWATCH帥奇錶打入市場時，則將自己定位為年輕人追求時尚流行的裝飾品，年輕、流行、趣味、具話題性的品牌定位，使帥奇錶在消費者心中不再是和傳統手錶相同的產品概念，而是流行、時尚、前衛的象徵。

再來看看當年開喜烏龍茶的例子。以往茶的消費者多數是成年人，而且多半只限於在家庭中飲用，此外喝熱茶及不喝隔夜茶是多年來的普遍觀念，但是開喜烏龍茶卻將茶定位為可以隨時隨處飲用的日常飲料，就像喝汽水或可樂一樣。開喜烏龍茶還打出「新新人類」的廣告主題，不但將冷飲烏龍茶成功打入年輕族群的市場，也創下了40億單一飲料的超高業績記錄。

當年在可口可樂和百事可樂爭奪可樂市場霸主的時候，七喜以萊姆汽水將自己定位為「非可樂」，在市場中異軍突起年銷售額大幅成長，這也是在大家熟知的產品類別中另闢蹊徑、獨樹一幟的定位策略。

企業的定位也常常受其所經營或生產的產品類別所影響。

例如：蘋果（Apple）早期是電腦系統商，近年則將產品擴展延伸到數位音樂播放器（iPod）、數位音樂商店（iTunes）、手機（iPhone）、電子書（iBook）、平板電腦（iPad，結合通訊、遊戲、電腦的觸控電腦）。亞馬遜（Amazon）創始之初是以網路書店為定位，其後不僅販售各式各樣的商品成為超級的網路百貨公司，更將經營觸角延伸到雲端網路應用平台等事業，今天我們已不能將蘋果僅稱為電腦公司，也不能再將亞馬遜局限於網路書店。

同樣的例子也發生在國內華碩，鴻海等科技大廠身上，這些企業隨著代工產品日益多樣化，甚至部分自創品牌，已跳脫早期的企業定位。

Lesson **5**

定位的改變──
重定位（Re-Positioning）

一般而言，產品或企業要改變定位，通常有以下幾種原因：

 以往的定位並不成功或定位模糊

　　世人所熟知的Marlbro萬寶路香菸，早期其實是以女性為主要目標市場的淡煙，它的廣告口號是：「像五月天氣一樣溫和」。但是銷售業績卻極不顯眼。致使菲利浦‧莫理斯公司曾一度停止萬寶路香菸的生產。後來公司尋找當時非常著名的營銷策劃人李奧‧貝納，請他設法提升萬寶路的業績，李奧‧貝納在研究分析後大膽建議將萬寶路香菸改變定位為男子漢香菸，將淡煙改為重口味香菸，增加香味含量並改造萬寶路形象。於是萬寶路香菸廣告不再以婦女為主要訴求對象，而一再強調萬寶路香菸的男子漢氣概，以粗獷、豪邁、充滿英雄氣概的美國西部牛仔為品牌形象，這樣的定位改變，立即吸引喜愛、欣賞和追求這種氣概的消費者，萬寶路香菸的銷售量從此一飛沖天扶搖直上。

可樂業兩大霸主可口可樂與百事可樂的爭戰從未停歇，早年百事可樂的業績遠遜於可口可樂，百事可樂的高層在檢討分析之後認為可口可樂與百事可樂在口味上的差異互有優劣，百事可樂所差的是在產品的形象與定位，因此不惜在廣告上砸下鉅資，將百事可樂定位為「新生代的可樂」，並以一連串音樂廣告片強力宣傳，果然使百事可樂的銷量明顯上升，日後甚至一度超越可口可樂，呈現相互拉距互有消長的局面。

2010年台灣重新掀起已沉寂多年的軍教片風潮，因為飾演戲中女士官長而暴紅的劉香慈在演藝圈已出道多年，但過去都只是演出一些無足輕重的配角角色，觀眾對她幾無鮮明印象，但自從演出「新兵日記」後，在戲中展現健美陽光與刻苦耐勞的形象，深獲觀眾喜愛，不僅片紅人紅，也接下許多廣告的代言，身價一夕暴漲。

 ## 以往的定位雖然成功，但已經逐漸不合時宜

黑松是歷史非常悠久的知名品牌，早期因為競爭品牌少，它擁有極高的市場占有率，後來隨著時代變遷，越來越多新品牌進入市場，加上消費者喜新厭舊的心理，黑松長年不變的品牌形象已顯得老邁過時，於是黑松沙士推出全新的廣告片，以張雨生主唱的「我的未來不是夢」作為廣告主題曲，強調年輕人積極奮發、努力向上的精神，成功地改變了消費者對黑松的品牌印象。

黑人牙膏也是台灣知名的老牌子，後來面臨高露潔等國際品牌大軍壓境的威脅下，陸續推出新口味、新包裝的產品，在廣告中也以張清芳主唱的「天天年輕」廣告歌曲，呈現出青春洋溢、蓬勃朝氣的全新感覺，而獲得許多年輕消費者的歡迎。

百貨業中也有重新定位非常成功的例子，那就是衣蝶百貨。衣蝶的前身是力霸百貨，力霸在百貨業界的營運績效並不出色，尤其位於台北市南

京西路的分館,在新光三越也進入南西商圈後,業績更是一蹶不振,後來力霸王家的女兒王令楣接掌力霸百貨,將力霸改名為衣蝶,捨棄過去綜合百貨的定位,將衣蝶定位為針對都會女性市場的精緻時尚百貨,商品鎖定都會女性追求的時尚流行品牌,全館也重金禮聘名設計師重新設計裝潢,給消費者一種脫胎換骨煥然一新的感覺。尤其為了突顯對女性顧客的尊重,更一反市場慣例,以俊帥的男性擔任大門入口的迎賓服務員,讓女性顧客從踏入衣蝶的那一刻就感覺備受禮遇與尊崇。自從力霸以衣蝶之名重新定位後,業績迅速竄升,來客人潮絲毫不比新光三越遜色,而衣蝶在站穩腳步之後,又在同一條街的對面開設衣蝶二館,走的是年輕休閒路線,由於與一館在定位上有明顯區隔,因此不僅沒有衝突反而都有相當亮麗的成績。(註:衣蝶後來因集團財務問題而受連累,已將衣蝶一二館均轉讓予新光三越,但成績依然亮麗)

演藝圈中因時移勢易而必須改變自我定位的例子更不鮮見。例如:瓊瑤片當道時的二秦二林,都是當年影迷心目中的白馬王子與白雪公主,但是隨著電影類型與風潮轉變,這些巨星也面臨演藝生涯的瓶頸;林青霞後來演出笑傲江湖中的東方不敗、新龍門客棧中的俊秀俠客,以及因愛瘋狂的白髮魔女,角色多元且性格鮮明,為她個人延續了更長的演藝生命,其他數人則因較欠缺具代表性的角色與劇本,加上個人的因素而逐漸淡出演藝圈。

以嶄新定位開創新的市場

知名歌手張惠妹在兩岸均屬天后級藝人,她的歌喉可以唱「聽海」、「剪愛」、「藍天」等詞曲優美的抒情曲,也可以唱「三天三夜」,「妳是我的姊妹」等快節奏的樂曲。2009~2010年她更換龐克造型,另以「阿密特」為名,推出全新包含台語的動感搖滾歌曲,在市場及音樂獎項上都

獲得亮眼的成績。

　　台灣女星楊惠珊、港星葉玉卿、舒淇早年都曾演出過尺度較寬的風月電影，因此被冠上豔星之名，後來楊惠珊演出「我這樣過了一生」、「玉卿嫂」等知名影片，轉型為演技派演員並榮獲金馬與亞太影后寶座，幾年後更完全退出演藝圈，與張毅創設如今享譽國際的琉璃工房。葉玉卿也在演出「白玫瑰與紅玫瑰」電影後扭轉形象，如今更因嫁給金融業鉅子，本身也轉型成為企業女強人。舒淇在多年前誓言「要將衣服一件件穿回去」之後，目前不僅在兩岸三地成為實力派演員與服飾保養品代言人，更躋身國際影藝圈成為知名女星。

　　青蛙王子高凌風以極為前衛的造型及特殊的鼻音唱腔將「燃燒吧，火鳥」、「姑娘的酒窩笑笑」唱遍大街小巷及各大秀場；倪敏然以「黃金拍檔」的「七先生」造型也成為風靡各大秀場的超級明星，但時移勢易，在演藝圈生態劇變後，兩人都有近十年在演藝圈消聲匿跡，直到全民亂講等模仿秀節目大行其道後，高凌風以模仿行政院長張俊雄及星雲大師，倪敏然則反串副總統呂秀蓮，因相貌與聲音神似表情動作誇張逗趣，瞬間人氣暴增，兩人也因此重新在演藝圈找到全新舞台與個人生涯的第二春。

結語

 ## 行銷人面臨的新挑戰

產品類別與產業界線的日趨模糊已使企業必須用更寬廣的視野去界定與分析競爭者及競爭生態的變化。

以往產品功能較為單一的時代，廠商很容易辨認自己主要的對手與競爭者，但是當許多產品功能日益多元化與複雜化之後，過去的分析架構與分析方法可能已不足以用來定位自己與競爭者的產品。

以往的手機只具備傳統的通訊功能，現在則既可以照相、攝影、聽廣播、聽MP3，有些高階智慧型手機還具有微型投影功能；以往的電腦主要用途在於文書處理等辦公室的應用，現在則可以上網玩遊戲，用即時通訊軟體取代電話與手機，也可以運用視訊軟體進行遠距離的會議或教學；Apple的iPad不但是一部平板電腦，也具有強大的電子書閱讀與下載功能，因此對Kindle等電子書閱讀器產生嚴重的威脅，產業界究竟該如何界定像iPad這樣具有多元化功能的產品？平板電腦？影音播放器？電子書閱讀器？──如果Kindle的業者只將分析對象局限於其他電子書閱讀器的競爭廠商，勢必無法因應iPad這種商品的挑戰；同樣的道理，如果數位相機業者只將焦點放在其它同業產品的優劣比較，極可能忽略照相手機業者已經悄悄蠶食了自己一大塊的市場。

過去照相軟片業者柯尼卡（Konica），富士（Fuji），櫻花（Sakura）將彼此視為最主要的競爭者，但是當數位照相機及照相手機興起後，許多

人已不再需要用軟片照相，當一些高階印表機也可以列印出畫質極好的相片時，對傳統軟片的需求更是大幅下降，這不僅影響照相軟片的銷售，也使許多照相攝影店及相片沖洗店必須轉型為數位攝影或者面臨關門大吉的命運。

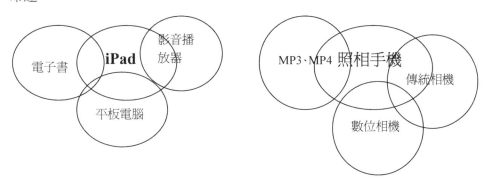

產品類別及產業界線的模糊化，使原本涇渭分明的產業面臨了直接的競爭，這不僅是企業經營者面臨的挑戰，也是行銷人員必須克服的難題，行銷人員如果只懂得在同類產品中去界定分析競爭者，將無法洞悉真正的競爭環境，進而制訂有效的行銷策略。

商品數位化對實體商品與實體通路的影響

網路科技的發展使一些實體商品可以轉化成數位化的商品販售，例如：以往聽音樂必須買唱片、錄音帶、CD片，看電影必須買錄影帶、DVD碟片，在網路時代這些實體商品都可以轉化成數位化的MP3、MP4音樂檔及DAT、WMV影音檔，這不僅使錄音帶錄影帶，CD片、DVD片的製造商與通路商面臨生存壓力，連音樂製作公司、經紀公司、歌手、演員都遭受極大的衝擊與威脅。以往像陳淑樺、林慧萍、江蕙等歌手的專輯唱片或CD都曾創下上百萬張的銷售量。當音樂商品數位化之後，許多人從網路上下載音樂檔，甚至複製盜拷，凡此都使實體唱片或CD的銷量大跌，目前一張

專輯銷售達十萬張已經足以稱為暢銷專輯，至於百萬銷量則幾乎已成遙不可及的夢想。

同樣的問題也發生在電子書等數位出版業，電子書固然製作成本較紙本印刷便宜，但是必須透過DRM等加密技術防範被盜拷轉寄，以確保數位出版品的版權不受侵害。

整合性行銷傳播

在本書前面幾章已經分別介紹了行銷組合4P的產品策略、價格策略、通路策略以及推廣策略。事實上這四種策略並非各自獨立，反而是具有非常密切的關係。

近年在行銷界特別重視整合性行銷的觀念，整合性行銷指的是整合所有的行銷要素，確保彼此之間具有高度的一致性與相關性，藉以建立長期持續的企業與品牌形象。

整合行銷考量的不只是單一的廣告或公關的效果而是消費者接觸企業或品牌所有的訊息來源都必須經過審慎的規劃和設計。

整合行銷的精神是在相同的品牌概念（Brand Concept）下傳遞一致的訊息給市場上的消費者。所以在各個行銷組合之間必須統合，不能產生不協調或衝突的地方，也就是所有的行銷資源必須予以整合，在消費者心中建立一致的企業或品牌形象。例如：廣告中強調以客為尊，貼心服務，則在人員服務方面就必須確實貫徹；商品如果走的是高品質高價格的定位，那麼在品質的承諾、價格的設定、通路的層次等級、廣告媒體的選擇上都必須力求符合這樣的定位與意象。

總而言之，品牌或產品的成功絕不只是一個廣告或一個行銷活動的成功，而是從市場區隔、產品定位、訂價策略、通路管理、廣告傳播都能夠做到環環相扣，最後才能成功的在消費者心中建立形象，奠定難以動搖的地位。

附錄：建議書目

行銷管理 Philips Kotler 著（中譯本）	華泰出版社
競爭策略 Michael Porter著（中譯本）	天下出版社
競爭優勢 Michael Porter著（中譯本）	天下出版社
行銷基本教練 Paul A.Smith著（中譯本）	臉譜出版社
圖解行銷 沈泰全、朱士英 著	早安財經文化
藍海策略 W.Chan Kim&Renee Mauborgne 著（中譯本）	天下出版社
長尾理論 Chris Anderson 著（中譯本）	天下出版社
品牌管理 Kevin Lane Keller著（中譯本）	華泰出版社
定位行銷策略 Ries&Trout著（中譯本）	遠流出版社
品牌管理 David A.Aaker等 著（中譯本）	天下出版社
為什麼有些品牌比較強 Al Ries & Laura Ries著（中譯本）	遠流出版社
用聽的學行銷 王寶玲著	創見文化
定價聖經 Robert J. Dolan& Hermann Simon著（中譯本）	藍鯨出版社
品牌領導 David A.Aaker著（中譯本）	天下出版社
行銷企劃完全攻略 戴國良著	中國生產力中心
行銷企劃書 Hiebing &Cooper著（中譯本）	遠流出版社
網路商機 John HagelⅢ & Arthur G. Armstong著（中譯本）	臉譜出版社
認識電子商務David Kosiur著（中譯本）	松崗出版社
電子商務致勝教本 楊正宏著	金禾出版社
MBA自修手冊2—品牌 John Mariotti著（中譯本）	遠流出版社
B2B網路行銷 貝瑞・席沃史坦著（中譯本）	商周出版社
行銷教戰守策 陳偉航著	臉譜出版社
行銷172誡 Kevin J Clancy &Robert S.Shulman著（中譯本）	天下出版社
好價錢讓你賺翻天 Rafi Mohammed著（中譯本）	經濟新潮社

模擬真實的銷售對決場景，
聽懂顧客的弦外之音，
業績直衝NO.1

《跟著富業務這樣談生意》

陳國司◎著　　定價：**280**元

富業務打死不說的商場勝利法則！
正確介紹自家商品，換個說法就換個業績，
破除銷售障礙，讓顧客直點頭說yes，
業績好到同行都眼紅！

《跟著王牌店員這樣賣東西》

陳國司◎著　　定價：**280**元

沒有賣不出去的商品，只有不會賣的店員。
王牌店員殺手級銷售必勝法，
教你搞定顧客，學會百辯不敗的超級口才！

我們改寫了書的定義

董 事 長　　　王寶玲

總 經 理　　　兼 總編輯　歐綾纖

出版總監　　　王寶玲

印 製 者　　　絃億印刷公司

法人股東　　　華鴻創投、華利創投、和通國際、利通創投、創意創投、中國
電視、中租迪和、仁寶電腦、台北富邦銀行、台灣工業銀行、
國寶人壽、東元電機、凌陽科技(創投)、力麗集團、東捷資訊

◆台灣出版事業群　　　新北市中和區中山路2段366巷10號10樓
　　　　　　　　　　　TEL：02-2248-7896
　　　　　　　　　　　FAX：02-2248-7758

◆倉儲及物流中心　　　新北市中和區中山路2段366巷10號3樓
　　　　　　　　　　　TEL：02-8245-8786
　　　　　　　　　　　FAX：02-8245-8718

國家圖書館出版品預行編目資料

集客力，從對的行銷開始：360度全方位行銷
/謝正聲 著.—初版.—新北市中和區：
創見文化 2011.5
面；　公分

ISBN 978-986-271-068-5（平裝）
1.行銷管理　　　2.行銷策略

496　　　　　　　　　　　100006528

成功良品 34

集客力，從對的行銷開始
360度全方位行銷

本書採減碳印製流程
並使用優質中性紙
（Acid & Alkali Free）
最符環保需求。

出版者／創見文化
作者／王寶玲
印行者／創見文化
總編輯／歐綾纖
文字編輯／蔡靜怡
美術設計／蔡瑪麗

郵撥帳號／50017206 采舍國際有限公司（郵撥購買，請另付一成郵資）
台灣出版中心／新北市中和區中山路2段366巷10號10樓
電話／（02）2248-7896
傳真／（02）2248-7758
ISBN／978-986-271-068-5
出版日期／2011年5月

全球華文國際市場總代理／采舍國際
地址／新北市中和區中山路2段366巷10號3樓
電話／（02）8245-8786
傳真／（02）8245-8718

全系列書系特約展示門市
新絲路網路書店
地址／新北市中和區中山路2段366巷10號10樓
電話／（02）8245-9896
網址／www.silkbook.com

本書於兩岸之行銷（營銷）活動悉由采舍國際公司圖書行銷部規畫執行。